彩图5　泌阳驴（左为公驴；右为母驴）

彩图6　淮阳驴（左为公驴；右为母驴）

彩图7　庆阳驴（左为公驴；右为母驴）

彩图8　关中驴（左为公驴；右为母驴）

彩图 9　德州驴（左为三粉驴；右为乌头驴）

彩图 10　广灵驴（左为公驴；右为母驴）

彩图 11　晋南驴（左为公驴；右为母驴）

彩图 12　长垣驴（左为公驴；右为母驴）

彩图 13　驴场的运动场、围栏和水槽

彩图 14　驴舍的饲槽和通道

彩图 15　开放式驴舍（装配式）　　　彩图 16　半开放式驴舍

彩图 17　塑膜暖棚驴舍　　　　彩图 18　封闭式驴舍

彩图 19　驴的保定架

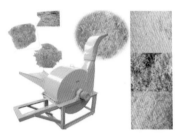

彩图 20　揉丝机

①

青贮玉米的采集

②

青贮料铡切

③

青贮料的压实

④

青贮窖的封闭

彩图 21　玉米青贮的流程图

打制草捆

露天草垛

棚内草垛

彩图 22　草捆打制及贮存

高效养驴

主　　编　魏刚才　刘庆立　秦保亮

副主编　申识川　李春艳　郝知友　张鉴月

编写人员（按姓氏笔画排列）

申识川（濮阳市检验检疫服务中心）

兰培英（平顶山市动物疫病预防控制中心）

刘庆立（河南科技学院高等职业技术学院）

李春艳（新乡市动物卫生监督所）

张　斌［新乡县农牧局（新乡县林业局）］

张顺利（濮阳市畜牧良种繁育中心）

张鉴月（辉县市孟庄镇政府）

赵智灿（新乡市动物卫生监督所）

郝知友（永州市畜牧水产局）

娄国防（孟州市农业局）

秦保亮（新乡市动物疫病预防控制中心）

魏刚才（河南科技学院）

机械工业出版社

本书系统地介绍了肉驴的高效养殖技术，主要内容包括养驴场的市场调查与投资分析，驴的体貌结构与生物学特性，驴的品种选择与引进，养驴场的建设，驴的选种、选配与繁殖，驴的饲料与配制，驴的饲养管理，驴的屠宰与产品加工，以及驴的疾病诊断与防治等。内容全面、通俗易懂，具有较强的实用性和可操作性，设有"提示""注意"等小栏目，可帮助读者掌握驴高效养殖的技术要点。

　　本书不仅可供驴场饲养管理人员和驴养殖户阅读，还可作为农业院校相关专业、农村函授及培训班的辅助教材和参考书。

图书在版编目（CIP）数据

高效养驴/魏刚才，刘庆立，秦保亮主编．—北京：机械工业出版社，2018.10（2022.4 重印）

（高效养殖致富直通车）

ISBN 978-7-111-60962-9

Ⅰ．①高…　Ⅱ．①魏…②刘…③秦…　Ⅲ．①驴–饲养管理

Ⅳ．①S822

中国版本图书馆 CIP 数据核字（2018）第 214429 号

机械工业出版社（北京市百万庄大街22号　邮政编码100037）

策划编辑：张　建　责任编辑：张　建　高　伟

责任校对：王　欣　责任印制：张　博

保定市中画美凯印刷有限公司印刷

2022 年 4 月第 1 版第 2 次印刷

140mm×203mm · 7.375 印张 · 2 插页 · 213 千字

标准书号：ISBN 978-7-111-60962-9

定价：29.80 元

序

改革开放以来，我国养殖业发展非常迅速，肉、蛋、奶、鱼等产品产量稳步增加，在提高人民生活水平方面发挥着越来越重要的作用。同时，从事各种养殖业也已成为农民脱贫致富的重要途径。近年来，我国经济的快速发展为养殖业提出了新要求，以市场为导向，从传统的养殖生产经营模式向现代高科技生产经营模式转变，安全、健康、优质、高效和环保已成为养殖业发展的既定方向。

针对我国养殖业发展的迫切需要，机械工业出版社坚持高起点、高质量、高标准的原则，组织全国20多家科研院所的理论水平高、实践经验丰富的专家学者、科研人员及一线技术人员编写了这套"高效养殖致富直通车"丛书，范围涵盖了畜牧、水产及特种经济动物的养殖技术和疾病防治技术等。

丛书应用了大量生产现场图片，形象直观，语言精练、简洁，深入浅出，重点突出，篇幅适中，并面向产业发展需求，密切联系生产实际，吸纳了最新科研成果，使读者能科学、快速地解决养殖过程中遇到的各种难题。丛书表现形式新颖，大部分图书采用双色印刷，并设有"提示""注意"等小栏目，配有一些成功养殖的典型案例，突出实用性、可操作性和指导性。

丛书针对性强，性价比高，易学易用，是广大养殖户和相关技术人员、管理人员不可多得的好参谋、好帮手。

祝大家学用相长，读书愉快！

中国农业大学动物科技学院

前　言

　　肉驴作为一种经济型草食动物，不仅具有耐粗饲料（大力发展节粮型养驴业，符合我国农业发展战略，也是我国优先发展的畜牧业）、抗逆性强、饲料来源广、繁殖快、食量小等特点，而且其产品食用和药用价值极高。驴肉肉质细嫩，味道鲜美，瘦肉多，脂肪少，但脂肪中不饱和脂肪酸含量较高，是很好的保健营养食品，素有"天上龙肉，地上驴肉"的美称。驴奶中的基本物质含量与牛奶的接近，维生素 C 与必需氨基酸的含量比牛乳、人乳的都高，微量元素充足，富含钙、硒（硒的含量是牛乳的 5.16 倍），属于富硒食品。驴皮是制作阿胶的重要原料。驴鞭、驴血、驴骨、驴毛和驴蹄等均具有较高的药用价值。近年来，随着驴肉加工生产工艺的发展和医药科学的进步，驴肉及其加工副产品的消费量逐年增加，市场前景十分广阔。

　　我国驴业资源丰富，驴分布范围广、数量多、质量好，是世界上养驴最多的国家。但在我国传统的养驴业中，驴作为役用家畜，分期分户饲养，生产规模小，季节性明显，生产水平低，产品质量和数量都受到限制，不能适应现代养驴业的发展要求。养驴业必须以市场为导向，由役用向产肉、产皮、产奶和役用兼得的方向发展，发展规模化、集约化的养驴业，均衡供应市场。因此，养驴业必须充分利用先进科学技术走出一条规模化高效生产的新路。

　　为适应养驴业的转型升级和规模化发展，提高养驴业的经济效益，我们编写了本书，主要内容包括养驴场的市场调查与投资分析，驴的体貌结构与生物学特性，驴的品种选择与引进，养驴场的建设，驴的选种、选配与繁殖，驴的饲料与配制，驴的饲养管理，驴的屠宰与产品加工，驴的疾病诊断与防治等。本书内容系统全面、通俗易懂，具有较强的实用性和可操作性，不仅可供驴场饲养管理人员

V

和驴养殖户阅读，还可作为农业院校相关专业、农村函授及培训班的辅助教材和参考书。

需要特别说明的是，本书所用药物及其使用剂量仅供读者参考，不可照搬。在生产实际中，所用药物学名、常用名与实际商品名称有差异，药物浓度也有所不同，建议读者在使用每一种药物之前，参阅厂家提供的产品说明以确认药物用量、用药方法、用药时间及禁忌等。购买兽药时，执业兽医有责任根据经验和对患病动物的了解决定用药量及选择最佳治疗方案。

本书在编写过程中，参考了部分专家、学者的相关文献资料，因篇幅所限未能一一列出，在此向原作者致谢。由于编者水平有限，书中难免有不足和疏漏之处，恳请广大读者和同行批评指正。

编　者

目 录

第一章
概　述

第一节　养驴业生产特点

一　经济价值高

驴集营养性、药用性和环保性于一体，是一种经济价值和使用价值极高的动物。

1. 食用价值

研究表明，驴乳与人乳极为相近，其营养成分与人乳营养成分相比为99%，是人乳的最佳替代品；硒含量是牛乳的5.2倍，是天然的富硒食品。

俗话说"天上龙肉，地上驴肉"。驴肉味道鲜美、肉质细嫩，远非牛肉可比，具有补气、补虚功能，是较为理想的保健食品之一；驴肉的营养极为丰富，含有许多易于人体吸收的营养物质，每100克驴肉中含蛋白质18.6克、脂肪0.7克、钙10毫克、磷144毫克、铁13.6毫克，另外，还含有碳水化合物及人体所需的多种氨基酸，有效营养成分优于牛肉、兔肉、狗肉等；驴肉蛋白质含量比牛肉、猪肉高，而脂肪含量比牛肉、猪肉低，且脂肪中不饱和脂肪酸含量较高，可以减轻饱和脂肪酸对人体心血管系统的不利影响，是典型的高蛋白质、低脂肪食物，另外，它还含有动物胶、骨胶原和钙、硫等成分，能为体弱、病后调养的人提供良好的营养补充。

近年来，驴肉加工工艺的发展，使驴肉的消费者逐渐增多，驴肉加工及产品开发的市场前景十分广阔。据调查，国内生产驴肉的食品厂对原料的需求量较大，市场上呈现原料供不应求的局面。由于驴的饲养成本低，驴肉本身的营养价值高，所以驴肉生产是一项极具开发潜力的新型肉食品，有可能发展为具有较强竞争力的特色肉食产业。

2. 药用价值

驴药用价值较高，全身都是宝。驴皮经煎煮浓缩制成的固体胶称为阿胶（驴皮胶），是我国的传统中药材。其肉、皮、骨、毛、蹄、阴茎、脂肪和乳也可以入药。阿胶在《神农本草经》中就有记载，其味甘、性平，有补血滋阴、润燥、止血功效，主治血虚萎黄，眩晕心悸，肌痿无力，心烦不眠，虚风内动，肺燥咳嗽，劳嗽咯血，吐血尿血，便血崩漏，妊娠胎漏等。近年来，在癌症化疗后服用阿胶，可提高白细胞数量，作为辅助治疗具有较好的作用。新开发的阿胶钙等产品，将补血与补钙有机结合，取得了良好的效果。

驴肉味甘、酸、性平，有补血、益气、补虚功效，对于积年劳损、久病初愈、气血亏虚、短气乏力、食欲不振者皆为补益食疗佳品；驴乳味甘、性寒，主治消渴、黄疸、小儿惊痫和风热赤眼；驴蹄烧灰敷痈疽，可散脓水；驴头煮食，可治中风头眩、消渴、黄疸；据《本草纲目》记载，驴骨熬汤可治多年消渴（糖尿病）。

驴阴茎（驴鞭），味咸、性温，有益肾强筋功效，主治阳痿、筋骨酸软、骨结核、骨髓炎、气血虚亏和妇女乳汁不足等症；驴精液可用于制药，目前每毫升可以卖到 1 ~ 1.5 元，1 头公驴 1 次射精可达 80 ~ 150 毫升，市场潜力巨大。有的驴场在做此项目的开发。

驴血约占活重的 5%，驴血清是驴产品中的珍品，用于生产生物制品（如孕马血清）。

二 资源利用好

1. 可以充分利用各种野生的或种植业副产品等饲料资源

近年来，以种粮为主的农区充分利用农副产品和农作物秸秆资源，实行种、养、加工一条龙的养驴生产模式，加快了养驴业发展步伐，取得了较好的经济效益。养驴业将成为农、牧区人民致富的新型产业。

我国目前年产农作物秸秆近6亿吨（相当于北方草原每年打草量的50倍）。我国草地资源面积有4亿公顷，占整个国土面积的近42%，约为全国耕地面积的3倍。据统计，我国年产各种饼粕约2000万吨、糠麸5000万吨、糟渣2000万吨、薯类3000万吨，目前用作饲料的仅占30%~40%。全国农区绿肥作物总产量达9300万吨，用作饲料的仅占20%。上述丰富的农副产品、作物秸秆资源和草场均是肉驴可以利用的饲料。大力发展高效节粮草食家畜，潜力巨大，符合国家的农业产业政策，也是我国农业可持续发展和农业现代化的基础。

2. 生产大量优质有机肥料

1头驴1年可以生产混合肥料7~9吨。驴粪尿是家畜粪便中的肥分（氮、磷和钾等）含量较高的优质有机肥料，同时含有脂肪、总腐殖质、富里酸、胡敏酸、半纤维及化肥中没有含有的其他有机成分，对于改良土壤结构、培育土壤肥力、调节土壤水分和酸碱度、促进根系发育和保温具有重要作用。将养驴业和种植业有机结合，建立一个良性、高效的种养体系，可以实现"秸秆养畜、过腹还田"，减少环境污染，提高资源利用效率。

三 饲养成本低

由于驴的适应力强，因此驴场和驴舍的建设资金投入较小。驴的抗病力强（驴是奇蹄动物，终生不患口蹄疫，抗日本血吸虫病，与其他马属动物相比，其患胃肠疾病尤其是患急腹症的概率也较低），耐粗放管理，疾病少，防治的药物成本投入少。驴是草食家畜，可充分利用种植业副产品，如稻糠、秸秆、麦麸、花生秧、作物叶等，也可充分利用林业副产品，以及利用田边、河边、路边等地的荒草，饲料成本低。驴粪可肥田，改善土壤土质，可取得较好的饲养效益。

四 养殖效益好

由于国内生产驴肉的食品厂对原料的需求量增幅巨大，市场呈

概 述 第一章

3

现原料供应严重不足的局面，国外对驴肉的需求量也有较大缺口，驴肉价格不断上涨。按2017年春节期间的市场价格计算，纯真驴肉每千克65~70元，1头驴按出130千克左右纯肉计算，收益可达8450~9100元。

驴鞭可以滋补壮阳，每套售价30~50元；驴的内脏，一套售价380~400元；驴血可以利大小肠，润肠结，下热气，每千克15元左右；驴骨是生产药品和保健品的辅助原料，产量不及需求量的40%，价格上涨2~3倍；驴肾，每千克售价高达40元；驴的粪尿也可入药。

驴具有极强的抵抗力，对粗纤维的消化吸收率高，对精饲料、添加剂和药物的依赖性小，有利于进行绿色产品生产；驴疾病少，适应能力强，可以减少防病成本和驴舍投入。

驴以食量小（每头驴日饲量：1~1.5千克精饲料，3~5千克粗饲料）、生长快（一年不成驴，到老是个驹）、不得病、成本低、高产出等特点，使其成为畜牧业中的新宠，可以获得较高的养殖效益。

第二节　养驴业发展现状及前景

一　国内养驴业现状

近年来，毛驴资源在急剧下降，毛驴宰杀户逐年减少，驴皮市场的竞争更加激烈。在宏观政策上，我国大部分省份以牛、羊为主导养殖产业，养驴不是畜牧业发展的方向，也没有科学的发展规划及品种改良的项目，毛驴存栏量呈下降趋势。其原因：一是机械化替代了役畜；二是毛驴繁殖周期长，屠宰户在利润的驱使下，不管年龄、性别，对本地毛驴都实行灭绝似的屠宰，致使毛驴的存栏量急剧下降。1989年驴存栏量1113.6万头，位居世界第一。2008年，我国驴存栏数为800万头，2014年为580多万头。据统计，目前全国毛驴饲养量不超过700万头，远远满足不了日益增长的消费需求。有关部门对我国15个城市的6种驴产品市场调查显示，从2000年至今，销量连续增长，价格一路走高。由于毛驴存栏量逐年走低，导致驴产品严重短缺，市场缺口在50%以上，价格平均上涨100%

以上。

驴的适应能力很强，具有耐粗饲、抗病力强、饲养技术相对简单、养殖风险小等特点，深受各地农民的喜爱，同时也给养殖户带来了可观的经济效益。如饲养1头种母驴，平均每年可以获利1100元。近年来，养驴业升温，扩群繁殖急需种驴，而优良种驴稀缺。优良种驴价格由前几年的1500～2000元/头上涨到3000～6000元/头。在偏远山区、半山区、丘陵地区，役驴需求量逐年增加，役驴由600～700元/头上涨到1200～2000元/头。因成年种驴、役驴售价较高，直接购买费用高，故很多农民都购买幼驴饲养，使其需求量不断增加，价格由前几年的200～300元/头上涨到600～1500元/头。

二 养驴业的发展潜力

2014年统计，我国驴肉产量达到186万吨，但驴肉市场仍然供不应求，价格连年走高。食驴肉之风也在广东、广西、新疆、陕西、北京、天津、河北、山东等地兴起，驴肉的市场需求缺口更大。

驴皮是生产我国传统中药材阿胶的主要原料，为生产阿胶年需驴皮近200万张，但驴皮产量不足130万张，导致阿胶价格连年上涨。驴骨也是生产药品及保健品的辅助原料，由于毛驴存栏量太小，驴骨的产量还达不到需求量的40%，价格也上涨了2～3倍。

毛驴有"直肠子驴"的俗称。饲草要求不高（玉米、大豆、小麦等各种农作物的秸秆及杂草都可利用，粮食等精饲料使用量较少），饲养成本低（每头驴每年饲养成本为5000元左右），抗病力强，生长期较短（比牛、马等要短，大约为1.5年），养殖技术简单。目前市场上驴肉售价约为50元/千克，1头驴产肉按150千克算，每头驴仅驴肉收入就达7500元，再加上驴皮和内脏的收益，养1头肉驴可获得纯利润2500元左右。如果进行深加工和精加工（如驴肉加工成酱驴肉、五香驴肉、驴肉火烧、腊驴肉、驴香肠等，将驴皮生产成阿胶，驴下水生产成保健食品等），纯利润可增加20%。与养猪、牛、羊相比，风险小、投资

驴对恶劣环境生活条件的忍耐度，是所有家畜中最突出的，一旦改变它现有的粗放饲养管理，施之以较优厚的生活条件和适宜的育肥方法，其饲料报酬和饲养效益均会有较大幅度提高，是一种值得加以关注和开拓的新型饲养业。

当然，要想改变驴产品供应紧张的局面，龙头企业的引导和带动起着重要的作用。除在毛驴养殖基地、毛驴繁育、品种推广上下功夫外，还需要针对目前驴肉价值低、缺乏消费主流、无品牌等问题，在驴肉的销售和渠道开发上做工作，调动农民养殖积极性，养驴致富的前景也会越来越广阔。

第三节　养驴场的市场调查与投资分析

> 【提示】　资金投入要与驴场的性质和规模相匹配，否则，生产过程中缺乏资金就会影响驴场的正常生产和效益，所以，建场前要进行市场调查与分析，根据自身条件选择适宜的经营方向和规模，确定生产工艺并进行投资估算和效益预测，保证资金得到合理、有效的利用，并根据资金需要进行资金筹措，以获得预期的经济效益。

一　养驴场的市场调查和投资条件

驴场的类型、规模、经营方式、管理水平不同，投资回报率也不同。如果驴场投资不善，就可能因亏损而倒闭，因此需要加大对市场的调查，根据市场情况进行正确的决策，力求使生产更加符合市场需求，以获得较好的生产效益。

1. 市场调查的内容和方法

影响养驴业生产和效益提高的市场因素较多，都需要认真做好调查，获得第一手资料，才能进行分析、预测，最后进行正确决策。市场调查的内容主要有市场需求和价格（市场容量、适销品种、适销体重）、市场供给（当地区域产品供给量、外来产品的输入量、相关替代产品的情况）、市场营销活动（竞争对手、销售渠道、销售市场）和市场生产模式（如一条龙生产模式、短期强化育肥生产模式）等调查。

市场调查的方法很多，有实地调查法、问卷调查法、抽样调查法等，可根据需要进行选择。

2. 投资驴场需要的条件

（1）优越的市场条件　投资驴场的目的是得到较高的资金回报，获得较好的经济效益。只有市场才能体现其产品的价值和效益高低。市场条件优越，产品价格高，销售渠道畅通，生产资料充足易得，同样的资金投入和管理就可以获得较高的投资回报，否则，不了解市场及其变化趋势，市场条件差，盲目建场或扩大规模，就可能导致资金回报率低，甚至亏损。

（2）雄厚的资金条件　养驴生产特别是规模化生产，前期需要不断地投入资金，资金的周转时间长，占用量大。如目前建设一个100头基础母驴的自繁自养专业驴场需要投入资金 50 万 ~ 60 万元，如果没有充足的资金保证或良好的筹资渠道，驴场就无法进行正常经营。

（3）全面的技术条件　投资办好驴场，技术是关键。驴场的设计建设、良种的引进选择、环境和疾病的控制、饲养和经营管理等都需要先进技术和掌握先进养驴技术的人才。否则，就不能进行科学的饲养管理，不能维持良好的生产环境，不能进行有效的疾病防控，严重影响经营效果。

二　养驴场的投资分析

经过市场的调查，确定建设驴场，首先进行生产工艺设计，然后才能进行投资分析、其他评估，以及进行可行性论证，最后进行筹资、投资和建场。

1. 生产工艺的确定

驴场的生产工艺是指养驴生产中采用的生产方式（驴群组成、周转方式、饲喂和饮水方式、清粪方式和产品的采集等）和技术措施（饲养管理措施、卫生防疫制度、废弃物处理方法等）。

（1）驴场的工艺流程　如图 1-1 所示。

高效养
驴

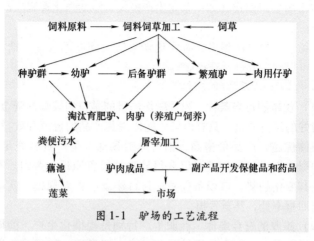

图 1-1 驴场的工艺流程

（2）主要的工艺参数 生产工艺参数指标见表 1-1。

表 1-1 生产工艺参数指标

项 目	参数指标	项 目	参数指标
性成熟年龄	1.5 岁	公母比例	1:50
母驴适配年龄	2~2.5 岁	利用年限	18~20 年
公驴适配年龄	3.5~4 岁	成年母驴淘汰率	5%~8%
发情周期	21 天	成年驴占栏面积	5 米^2
发情持续期	5~8 天	成年驴体重（公）	200~250 千克
发情季节	4~8 月	成年驴体重（母）	200~250 千克
产后第一次发情天数	12~14 天	肉驴日平均增重	500~600 克
情期受胎率	70%	饲料消耗（混合精料）	2.5 千克/（天·头）
年产胎次	1 胎	饲料消耗（草粉）	4 千克/（天·头）
每胎产仔数	1 头		

（3）饲养管理方式

1）饲养方式。饲养方式是指为便于饲养管理而采用的不同设备、设施（栏具、笼具等），或每圈（栏）容纳畜禽的多少，或管理的不同形式。如按饲养管理设备和设施的不同，可分为笼养、缝隙地板饲养、板条地面饲养或地面平养；按每栏饲养的数量多少，可分为群养和单个饲养。饲养方式的确定，需考虑畜禽种类、投资能力、技术水平、劳动生产率、防疫卫生、当地气候和环境条件、饲养习惯等。驴的饲养方式主要是栏养。

2）饲喂方式。饲喂方式是指不同的投料方式、饲喂设备（如采用链环式料槽等机械喂饲）或不同方式的人工喂饲等。采用何种饲喂方式应根据投资能力、机械化程度等因素确定。驴场多采用料槽人工饲喂。

3）饮水方式。水槽饮水和各种饮水器（杯式、乳头式）自动饮水。水槽饮水不卫生，劳动量大，饮水器自动饮水清洁卫生，效率高。

4）清粪方式。清粪方式有人工清粪和机械清粪。

（4）**驴场建设场地标准** 每头驴占用驴舍面积为 $4 \sim 5$ 米^2，运动场一般为 $10 \sim 15$ 米^2（成驴 $15 \sim 20$ 米^2，育成驴 $10 \sim 15$ 米^2，幼驴 $5 \sim 10$ 米^2），存栏驴每头占用 20 米^2，驴舍和运动场占场地面积的 $50\% \sim 60\%$，则每头存栏驴需要建设场地 $25 \sim 40$ 米^2。不同规模驴场需要面积见表1-2。

表1-2 不同规模驴场需要面积

规模/头	20	50	200	500
驴舍建筑面积/米^2	$80 \sim 100$	$200 \sim 220$	$800 \sim 1000$	$2000 \sim 2400$
运动场面积/米^2	$200 \sim 300$	$500 \sim 600$	$2000 \sim 2400$	$5000 \sim 6000$
场地面积/米^2	$500 \sim 800$	$1200 \sim 1500$	$5000 \sim 6500$	$10000 \sim 13000$

（5）**卫生防疫制度** 疫病是畜牧生产的最大威胁，积极有效的对策是贯彻"预防为主，防重于治"的方针，工艺设计应据此方针制定出严格的卫生防疫制度。此外，驴场还须注重场址选择、规划布局、绿化、生产工艺、环境管理和粪污处理利用等方面的设计并详细说明，全面加强卫生防疫工作，在建筑设计图中详尽绘出与卫生防疫有关的设施和设备，如消毒淋浴室、隔离舍、防疫墙等。

（6）**驴舍的样式、构造、规格和设备** 驴舍样式、构造的选择，主要考虑当地气候、场地地方性气候、驴场性质、养殖规模、驴的种类及对环境的不同要求、当地的建筑习惯和常用建材、投资能

力等。

驴舍设备包括饲养设备（栏具、地板等）、饲喂及饮水设备、清粪设备、通风设备、供暖和降温设备、照明设备等。设备的选型须根据工艺设计确定的饲养管理方式（饲养、饲喂、饮水、清粪等方式）、畜禽对环境的要求、舍内环境调控方式（通风、供暖、降温、照明等方式）、设备厂家提供的有关参数和价格等进行选择，必要时应对设备进行实际考察。各种设备选型配套确定之后，还应分别算出全场的设备投资、电力和燃煤等的消耗量。

（7）**驴舍种类、幢数和尺寸** 在完成了上述工艺设计步骤后，可根据驴群组成、饲养方式和劳动定额，首先计算出各驴群所需笼具和面积、各类驴舍的幢数；其次可按确定的饲养管理方式、设备选型、驴场建设标准和拟建场的场地尺寸，绘出各种驴舍的平面图，从而初步确定每幢驴舍的内部布局和尺寸；最后可按各驴群之间的关系、气象条件和场地情况，布局全场总体方案。

（8）**粪污处理利用工艺及设备选型** 根据当地自然、社会和经济条件及无害化处理和资源化利用的原则，与环保工程技术人员共同研究确定粪污利用的方式和选择相应的排放标准，并据此提出粪污处理利用工艺，继而进行处理单元的设计和设备的选型配套。

2. 驴场的投资概算和效益预测

（1）**投资概算** 投资概算反映了项目的可行性，有利于资金的筹措和准备。

1）投资概算的范围。投资概算可分为三部分，即固定投资、流动投资、不可预见费用。

① 固定投资：包括建筑工程的费用（设计费用、建筑费用、改造费用等）、购置设备发生的费用（设备费、运输费、安装费等）。在驴场占地面积，驴舍和附属建筑种类及面积，驴的饲养管理和环境调控设备及饲料，运输、供水、供暖和粪污处理利用设备的选型配套确定之后，可根据当地的土地、土建、设备价格，粗略估算固定资产投资额。

② 流动资金：包括饲料、药品、水电、燃料和人工费等各种费用，要求按生产周期计算保障流动资金（产品产出前）。根据驴场规

模、驴的购置、人员组成和工资定额、饲料和能源及价格，粗略估算出流动资金额。

③ 不可预见费用：首先考虑建筑材料、生产原料的涨价，其次考虑其他损失。

2）计算方法。驴场总投资＝固定资产投资＋产出产品前所需要的流动资金＋不可预见费用。

（2）效益预测 按照调查和估算的土建、设备投资及引种费、饲料费、医药费、工资、管理费、其他生产开支、税金和固定资产折旧费，可估算出生产成本，并按本场产品销售量和售价，进行预期效益核算。一般常用静态分析法，就是用静态指标进行计算分析，主要指标公式为

$$投资利润率＝年利润/投资总额×100\%$$

$$投资回收期＝投资总额/平均年收入$$

$$投资收益率＝（收入－经营费－税金）/总投资×100\%$$

3. 投资分析举例

【例1】 200头基础母驴场的投资分析。

（1）投资估算

1）固定资产投资。包括驴场建筑投资和设备购置费。

① 驴场建筑投资＝1400 米^2×400 元/米^2＝56 万元。

② 设备购置费包括栏具、风机，以及采暖、光照、饲料加工等设备，共计 3 万元。

2）土地租赁费。80 亩（1 亩≈666.7 米^2）×1000 元/（亩·年）＝8 万元/年。

3）种驴费用。（200 头母驴×4000 元/头）＋（5 头公驴×6000元/头）＝83 万元。

固定资产总投资＝56 万元＋3 万元＋8 万元＋83 万元＝150万元。

（2）效益预测

1）总收入。按驴购入后第三年开始出售肉驴，计算方法如下：

① 出售肉驴的收入为 200 头×0.8 万元/头＝160 万元。

② 出售幼驴的收入为 200 头×0.4 万元/头＝80 万元。

另外，出售驴粪收入与水电费和杂费相抵，总收入为240 万元。

2）**总成本。** 按 3 年总成本计算：

① 设备折旧费：驴舍和设备利用 15 年，3 年折旧费约为 12 万元。

② 土地租赁费：3 年土地租赁费为 24 万元。

③ 3 年的产畜摊销费为 83 万元 ÷ 15 × 3 ≈ 16.6 万元。

④ 3 年饲料费用：种驴饲料费为 204 头 × 1100 天（3 年）× 2.5 元/（天·头）≈ 56 万元，肉驴在 1 岁 7 月龄（合 570 天）时卖出。其中，前 6 个月（180 天）以哺乳为主，饲料费为 200 头 ×（570 – 180）天 × 2 元/（天·头）≈ 16 万元。合计 72 万元。

⑤ 人工费：4 人 × 4 万元/（人·年）× 3 年 = 48 万元。

另外，电费等与副产品销售收益相抵消，总成本合计为 172.6 万元。

（3）年均收益 年均收益 =（总收入 – 总成本）÷ 3 =（240 万元 – 172.6 万元）÷ 3 ≈ 22.47 万元。

（4）资金回收年限 资金回收年限 = 固定资产总投资 ÷ 年收益 = 150 万元 ÷ 22.47 万元/年 ≈ 6.68 年。

（5）投资利润率 投资利润率 = 年均收益/投资总额 × 100% = 22.47 万元 ÷ 150 万元 × 100% = 14.98%。

【例2】 购买育肥驴年出栏 500 头肉驴的投资分析。

（1）总成本估算 总成本包括以下项目：

① 购驴费用：500 头（4 月龄幼驴）× 4000 元/头 = 200 万元。

② 折旧费：2000 米^2 × 450 元/米^2 ÷ 15 = 6 万元。

③ 饲料费：500 头 × 360 天（育肥 7 个月）× 4.5 元/（天·头）= 81 万元。

④ 人工费：3 × 5 万元 = 15 万元。

另外，其他费用为 10 万元，总成本合计为 312 万元。

（2）总收入估算 总收入包括以下项目：

① 出售肉驴收入：500 头 × 250 千克/头 × 32 元/千克 = 400 万元。

② 驴粪等收入：500 头 × 100 元/头 = 5 万元。

总收入合计为 405 万元。

（3）年收入 年收入 = 总收入 – 总成本 = 405 万元 – 312 万元 = 93 万元。

第四节 驴的体貌结构与生物学特性

掌握驴体貌结构及生物学特性，有利于驴的选择和制定饲养管理规程。

一 驴的体貌结构

一般将驴体分为头颈、躯干和四肢三大部分，每个部分又分为若干小的部位，各部位均以相关的骨骼作为支撑基础（图1-2）。

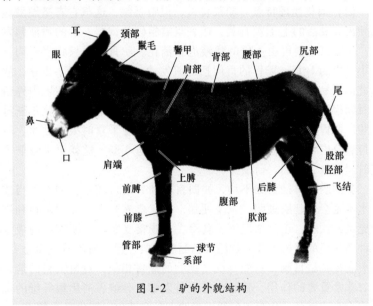

图1-2　驴的外貌结构

二 驴的生物学特性

1. 驴的生活习性

驴具有热带或亚热带动物共有的特征和特性。其外形比较单薄，耳长大，颈细，四肢长，被毛细短；喜生活在干燥、温暖的地区；不耐寒冷，能耐热，耐饥渴，有的竟能数天不食；饮水量小，抗脱水能力强，脱水达体重25%～30%时，仅表现食欲减退，且一次饮水即可补足所失水分。驴食量小，耐粗饲，对粗纤维消化能力较强，抗病力强，不易得消化系统疾病。

概述 第一章

13

驴的胎儿生长发育快，初生体高可达成年驴的 62% 以上，体重达成年驴的 10%～12%。驴性成熟早，1.5～2 岁可性成熟。母驴一生可产驹 10 头以上。

驴性格温驯，胆小而执拗，鸣声长而洪亮，一般缺少悍劲和自卫能力。驴腰短（5 个腰椎）而强固，利于驮用，使役灵活，善走对侧步。与马相比，驴胫长、管短，步幅小，运步快。营养好时，驴的颈脊、前胸、背部、腹部等处可贮积脂肪。

2. 驴的消化特性

（1）消化生理特点 驴采食慢，但咀嚼细，这与它有坚硬发达的牙齿和灵活的上下颚有关，适宜咀嚼粗硬的饲料。驴的唾液腺发达，每千克草料可由 4 倍的唾液泡软消化。驴胃小，只相当于同样大小牛胃的 1/15，驴胃的贲门括约肌发达，而呕吐神经不发达，故不宜饲喂易发酵易产气的饲料，以免造成胃扩张。食糜在胃中停留的时间很短，当胃容量达 2/3 时，随不断采食，胃内容物就不断排至肠。驴胃中的食糜是分层消化的，故不宜在采食时大量饮水，以免打破分层状态，让未充分消化的食物冲进小肠，这就要求喂驴要定时、定量、少喂、勤添。

驴的肠道口径粗细不均，如回盲口和盲结口较小，饲养不当或饮水不足会引起肠梗阻，发生便秘，这就要求要正确配制草料和供给充足的饮水。正常情况下。食糜在小肠接受胆汁、胰液和肠液等多种消化酶的分解，营养物质被肠黏膜吸收，通过血液输送至全身。而大肠尤其是盲肠，功能与反刍动物的瘤胃相似，对粗饲料的消化起着非常重要的作用，盲肠内有大量发酵、分解、消化粗纤维的微生物，在这里被消化吸收的纤维素约占整个消化道消化吸收的 40%，但由于它位于消化道的中下段，和牛瘤胃相比，对粗纤维的消化吸收率相差 1 倍多。

（2）饲料利用特性 驴对饲料的利用具有马属家畜的共性：一是对粗纤维的利用率不如反刍家畜，二者相差 1 倍以上，但驴比马耐粗饲（粗纤维消化能力比马高 30%）；二是对饲料中脂肪的消化能力差，仅相当于反刍家畜的 60%，因而喂驴应选择脂肪含量较低的饲料；三是对饲料中蛋白质的利用与反刍家畜接近。例如，对玉米蛋白质，驴的消化率为 76%，牛的为 75%；对苜蓿蛋白质，驴的消化率为 68%，牛的为 74%。当日粮中纤维素含量达 30%～40% 时，会影响蛋白质的消化，所以对幼驴和种驴应注意蛋白质饲料的供应。

3. 驴的繁殖特性

驴的利用年限长，可役用 16～20 年，母驴一生可产驹 7～10 头，个别 16 岁的驴仍能生产幼驴。驴是季节性多次发情动物，发情从 3 月开始，4～6 月为旺盛期，发情期延长至深秋停止。气候适宜和饲养管理良好，母驴可以常年发情。驴性成熟早，1.5～2 岁可性成熟。肉驴的胎儿生长发育快，初生体高可达成年驴的 62% 以上，初生重达成年驴体重的 10%～12%。

我国是世界上重要的产驴国之一，已有 4000 年的养驴历史。驴的数量多，分布广且在长期自然选择和人工选择的作用下，形成若干在体尺、外形结构和生产性能等方面具有显著差异的品种。过去对驴主要选择其乘、挽、驮的性能，而在目前和今后的畜牧业商品生产中，需要提高驴的产肉性能。所以，一方面需要加强肉驴品种的培育，另一方面需要养驴生产者通过品种杂交，特别是用关中驴、德州驴等大型品种与中小型品种杂交，利用杂种优势，提高驴的生长速度和肉用性能，进而规模化养殖。

概述 第一章

第二章
驴的品种选择与引进

第一节　驴的品种介绍

我国驴按体型大小可分为大型驴、中型驴、小型驴3种，大型驴体高130厘米以上，中型驴体高110~130厘米，小型驴体高85~110厘米。我国五大优良驴种分别是关中驴、德州驴、广灵驴、泌阳驴和新疆驴。

一　小型驴品种

1. 新疆驴

（1）产地分布　新疆驴（彩图1）主要分布在喀什、和田、克孜勒苏柯尔克孜自治州、巴音郭楞蒙古自治州等地；河西走廊的毛驴又称凉州驴；宁夏的西吉、海原、固原的驴又称西吉驴。新疆驴在新疆的北部也有分布。该品种的特点是耐粗饲，适应性强，能忍耐吐鲁番盆地夏季的酷热，也能适应高寒牧区冬季-40℃的严寒，能在马、牛等畜不能利用的草场上放牧。

（2）体型外貌　新疆驴体格矮小，体质干燥结实，头略偏大、耳直立、额宽、鼻短、耳壳内生满短毛；颈薄、鬐甲低平、背平腰短、尻短斜、胸宽深不足，肋扁平；四肢较短、关节干燥结实、蹄小质坚；毛多为灰色、黑色。因分布地区的自然条件及饲养管理水平不同，其外形也略有差异。吐鲁番地区所产的驴体格较大、外形较美观、头稍长、耳较短、鼻孔大、体躯发育较好，毛色以黑色、棕色较多，也有浅灰及深灰色。喀什地区的驴毛色以浅灰和深灰色居多，有背线、鹰膀和虎斑。新疆驴平均体尺见表2-1。

表 2-1　新疆驴平均体尺

性　别	体高/厘米	体长/厘米	胸围/厘米	管围/厘米
公驴	101.3	104.8	108.9	13.1
母驴	98.06	101.5	107.8	12.2

(3) 生产性能　役、驮、乘性能优良；屠宰率46%左右，净肉率37%；公母驴在1岁时有性行为，公驴2~3岁可参加配种，配种能力较强。母驴2周岁时开始配种，繁殖年龄为12~15岁，一生产驹8~10头。在粗放饲养条件下，妊娠母驴很少发生营养性流产。幼驴成活率一般在90%以上。幼驴1岁时体高达到成年驴的90%，2岁时体高接近成年驴。

2. 西南驴

(1) 产地分布　西南驴产区多处于西南高原山地和丘陵地区，海拔800~3500米，河流较多，农业比较发达，作物秸秆和野生牧草是养驴的主要饲草。西南驴在高原干燥、贫瘠的环境中有特殊的使役价值。它是我国特有的山地小型驴种，性情温驯，易于管理，耐粗饲，抗病力强。

(2) 体型外貌　西南驴（彩图2）属小型驴，身体结实，头较粗重，额宽且隆，耳大而长；鬐甲稍低，胸部较窄，背腰平直、结实，腰部稍大，尻短稍斜；前肢端正，后肢多外向，蹄小而坚；被毛厚密，毛色以灰色为主，黑色次之，一般灰毛驴均具有背线、鹰膀和斑纹；黑毛驴多有粉鼻、粉眼、白肚皮等特征。西南驴平均体尺见表2-2。

表 2-2　西南驴平均体尺

性　别	体高/厘米	体长/厘米	胸围/厘米	管围/厘米
公驴	89.5	98.2	105.68	11.8
母驴	97.3	94.4	104.96	11.96

(3) 生产性能　西南驴用于驮、乘，挽用较少，富持久力，使役年限可达20年左右。性成熟早，2~3岁即可配种繁殖，一般3年产2胎，如专门作肉驴饲养也可1年产1胎。产肉性能较好，屠宰率

45%～50%，净肉率30%～34%，每头净肉量为35千克左右，肉色较深，肉质细嫩，肉味鲜美。

3. 华北驴

（1）产地分布 华北驴（彩图3）是指产于黄土高原以东、长城内外至黄淮平原的小型驴，并分布到东北三省。产区为我国北方农业区的大部分山区、高原农区、半农半牧区和条件较差的农区，但因作物单产低，饲养条件差，故这些地区多养小型驴。

（2）体型外貌 体型比新疆驴、西南驴都大，呈高方形。体质干燥结实，结构良好，体躯短小；头大而长，胸稍窄，背腰平，腹稍大；四肢粗壮有力，蹄小而圆；毛色以青色、灰色、黑色居多。华北驴平均体尺见表2-3。

表2-3　华北驴平均体尺

性　　别	体高/厘米	体长/厘米	胸围/厘米	管围/厘米
公驴	102.4	101.7	115.9	13.9
母驴	102.5	101.1	113.7	13.7

（3）生产性能 平原的华北驴略高大，山区的较矮小，体重为130～170千克。在山区、丘陵地区多用于驮运，平原多用于挽车。平均体重在115.6千克的六成膘小驴，屠宰率平均为41.7%，净肉率为33.3%。华北驴繁殖性能与大中型驴相近，生长发育比新疆驴快，与大型驴杂交，1岁的驴体高可达110厘米，所产驴骡成年体高能达135厘米。华北驴能适应东北地区的严寒和江南旱作农业地区的酷热。

二　中型驴品种

1. 佳米驴

（1）产地分布 佳米驴（彩图4）主要产于米脂、佳县和绥德三县，属役用兼肉用型的驴种。佳米驴体型中等、行动灵活、适应性强，对干旱和寒冷气候的适应性强，耐粗饲，抗病力强，消化器官疾病极少。

（2）体型外貌 佳米驴体型中等，略呈方形，体质结实，结构匀称，眼大有神，耳薄而立；颈肩结合良好，背腰平直，四肢端正，关节强大，肌腱明显，蹄质坚实。公驴颈粗壮，胸部宽，富有悍威；母驴腹部稍大，后躯发育良好。毛为粉黑色，因白色部分大小不同，当地又分为两种：一种是黑燕皮，全身被毛颜色似燕子的黑色，仅嘴头、鼻孔、眼周及腹部为白色；另一种是黑四眉，除具有黑燕皮特征外，腹下的白色面积较大，甚至扩展到四肢内侧、胸前、额下及耳根处。佳米驴骨骼更粗壮结实，平均体尺见表2-4。

表2-4　佳米驴平均体尺

性　　别	体高/厘米	体长/厘米	胸围/厘米	管围/厘米	体重/千克
公驴	125.8	127.2	136	16.6	217.9
母驴	120.9	122.7	134.6	14.6	205.8

（3）生产性能　佳米驴体型中等，4岁成年。初生公驴体高达成年驴的64.1%，1岁时体高达成年驴的89.9%，3岁时体高可达成年驴的97.7%。佳米驴1岁以内的生长发育最为迅速，佳米驴为挽、驮兼肉用的中型驴种。未经育肥的驴，屠宰率49.2%，净肉率35%。佳米驴性成熟早、受胎率高、繁殖能力强、遗传性能稳定，一般2~3岁开始配种，每年5~7月为配种旺季，母驴多为3年产2胎，一生产驹10头。公驴每次平均射精量为78.7毫升，精子密度为2亿~3亿/毫升，活力为0.8~0.9。

2. 泌阳驴

（1）产地分布　泌阳驴（彩图5）产于河南省西南部的泌阳、唐河、社旗、方城、舞阳等县，以泌阳县为中心产区。

（2）体型外貌　泌阳驴属中型驴，呈方形或高方形，体质结实，结构紧凑，外形美观；头方正、清秀，耳内多有一簇白毛；颈长适中，头颈结合良好；背长且平直，多呈双脊背，腰短而坚，尻高宽而斜；四肢端正，肌腱明显，蹄小而圆、质坚；全身黑色，而眼圈、咀头和腹下三部呈粉白色，故又称"三白驴"。泌阳驴的平均体尺见表2-5。

（3）生产性能　公驴最大挽力平均为205千克，母驴为185.1千克。泌阳驴1~1.5岁表现性成熟，2.5~3岁开始初配，发情季节多集中在3~6月，繁殖年限可达15~18岁。经对5~6岁营养中等的泌阳驴的屠宰测定，屠宰率平均为48.3%，净肉率平均为34.9%。

表2-5 泌阳驴平均体尺

性　　别	体高/厘米	体长/厘米	胸围/厘米	管围/厘米	体重/千克
公驴	119.5	118.5	129	15.01	201.5
母驴	119.1	119.5	129.6	14.5	201.3

3. 淮阳驴

（1）产地分布 淮阳驴主要分布在河南沙河及其支流两岸豫东平原的东南部，即淮阳、郸城西部，沈丘西北部，项城和商水北部，西华东部，太康南部和周口市，以淮阳县为中心产区。

（2）体型外貌 淮阳驴（彩图6）属中型驴，体高略大于体长，较宽，头略显重，肩较宽，高躯发达，中躯显短，呈圆桶形，四肢粗大结实，尾帚大。红褐毛色的驴，还有体型较大、单脊单背和四肢高长的特点。毛色以粉黑色为主，灰色少，纯黑更少，红褐色最少。

淮阳驴的平均体尺见表2-6。

表2-6 淮阳驴平均体尺

性　　别	体高/厘米	体长/厘米	胸围/厘米	管围/厘米	体重/千克
公驴	123.4	125.1	131.4	15.5	223
母驴	123.1	125	133.6	14.7	229.9

（3）生产性能 公驴最大挽力为280千克，母驴为174千克。繁殖性能好，母驴可繁殖到15~18岁，公驴18~20岁时性欲仍很旺盛。屠宰率为50%左右，净肉率为32.3%。

4. 庆阳驴

（1）产地分布 庆阳驴主要产于甘肃省的庆阳、宁县、正宁、镇原、合水等县，以及平凉地区，此地区土壤肥沃，气候温和，素有"陇东粮仓"之称。农作物以小麦为主，其次为玉米、高粱、糜、谷和马铃薯等。此外，还种植苜蓿等牧草，约占当地耕地面积的6.8%，平均每头大牲畜有苜蓿地1.8亩，加上农副产品的利用，故饲料条件颇好。

（2）体型外貌 庆阳驴（彩图7）属中型驴，体格粗壮结实，体形接近于正方形，结构匀称；头大小适中，个别驴头稍大，眼大，耳不过长；颈肌厚，胸发育良好，肋骨较拱圆，背腰平直，腹部充实，尻稍斜而不尖，肌肉发育较好；四肢肢势端正，骨量中等，关节大而清楚，肌腱明显，蹄大小适中；毛色以黑色居多，黑毛驴嘴的周围、眼圈和腹下，包括四肢上部内侧，多呈灰白色或浅灰色，另外还有青毛和灰毛两种，数量都不多。庆阳驴的平均体尺见表2-7。

表2-7　庆阳驴平均体尺

性　　别	体高/厘米	体长/厘米	胸围/厘米	体重/千克
公驴	135	137	146	257.5
母驴	127	128	140	230.5

（3）生产性能　庆阳驴初生重：公驴体重平均为27.49千克，母驴平均为26.72千克。成年驴屠宰率可达50%以上，净肉率35.7%。6月龄公驴就有性行为，1.5岁达到性成熟，而适配年龄为2.5～3岁。种公驴营养良好，配种、使役合理，一般可利用到18～20岁，每头驴繁殖季节本交受配40～60头母驴，人工授精可配100头母驴。母驴发育较好者，12月龄就开始发情，24月龄就可产驹，但由于母驴未达到体成熟，所产胎儿体弱多病，同时也对母体发育有较大影响。大多数母驴适配年龄为2～2.5岁，妊娠期为12个月。正常能繁母驴1年产1胎的概率为32%，3年产2胎的概率为68%，全为单胎。在饲养条件较好的情况下，每头母驴一生最多可产驹12～13头，一般情况下可产驹7～9头。正常情况下，"惊蛰至白露"是驴发情配种的季节。

三　大型驴品种

1. 关中驴

（1）产地分布　关中驴产于陕西省关中平原，以乾县、礼泉、武功、蒲城、咸阳和兴平等县为主要产地，是我国大型驴的优良品种之一。

（2）体型外貌　关中驴（彩图8）体型高大，略呈长方形；头颈高扬，眼大而有神，前胸宽广，肋弓开张良好，尻短斜，体态优美；四肢端正，关节干燥，蹄质坚实，而背凹和尻短斜为其缺点；被毛短细，富有光泽，多为粉黑色，其次为栗色、青色和灰色，以栗色和粉黑色且黑（栗）白界线分明者为上选，特别是鬐毛及尾毛为浅白色的栗毛公驴，更受欢迎，用它能配出红骡。关中驴的平均体尺见表2-8。

表2-8　关中驴平均体尺

性　　　别	体高/厘米	体长/厘米	胸围/厘米	管围/厘米	体重/千克
公驴	133.2	135.4	145	17	263.6
母驴	130	130.3	143.2	16.5	247.5

（3）**生产性能**　正常饲养情况下，幼驴生长发育迅速，1.5岁能达到成年驴体高的93.4%，并表现性成熟，3岁时各项体尺均达到成年驴体尺的98%以上，公母驴此时均可开始配种。公驴4~12岁配种能力最强，母驴3~10岁时繁殖力最高。母驴终生产驹5~8头。公驴到18岁，母驴到15岁仍可配种繁殖，驴配驴受胎率为80%以上，公驴配母马受胎率为70%左右。关中驴一直是小型驴改良的重要父本驴种，对庆阳驴种的形成起了重大作用。关中驴适宜于挽、驮等多种用途，退役关中驴屠宰率为39.32%~40.38%。

2. 德州驴

（1）**产地分布**　德州驴原产于山东省无棣县，又称"无棣驴"。以庆云县为中心，宁津、乐陵、滨州市的无棣、惠民等县也有饲养，后经山东丰收牧业进行杂交改良，进行大量繁育。2007年，德州驴被国家列入地方品种保护名录，是我国的大型驴种和优秀的地方品种。其从外貌上可分为"三粉驴"和"乌头驴"两大类型。德州驴有很强的适应能力，耐粗饲、抗病力强等，深受各地农民的喜爱。

（2）**体型外貌**　德州驴（彩图9）体型高大，结构匀称，外形美观，整体方正，头颈躯干结合良好；毛色分三粉（鼻周围粉白、眼周围粉白、腹下粉白，其余毛为黑色）和乌头（全身毛为黑色）两种。公驴前躯宽大，头颈高扬，眼大嘴齐，有悍威，背腰平直，尻稍斜，肋拱圆，四肢有力，关节明显，蹄圆而质坚。德州驴的平均

（高效养驴）

体尺见表2-9。

表2-9　德州驴平均体尺

性　　　别	体高/厘米	体长/厘米	胸围/厘米	管围/厘米	体重/千克
公驴	142	143.6	152.8	18.7	266
母驴	140	137	160	16.4	245

（3）**生产性能**　德州驴生长发育迅速，12～15月龄性成熟，2.5岁开始配种。幼驴生长速度快，幼年公母驴1岁时体高和体长可分别达到成年驴的90%和85%，2岁时可分别达成年驴的100%和95.7%。母驴一般发情很有规律，终生可产驹10头左右，25岁母驴仍有产驹的；公驴性欲旺盛，在一般情况下，每次射精量为70毫升，有时可达180毫升，精液品质好。肉驴饲养屠宰率可高达54%且出肉率较高，每100克驴肉含蛋白质18.6克、脂肪0.7克、钙10毫克、磷144毫克、铁136毫克、热量3.347兆焦。最大挽力占体重的75%，为小型毛驴改良的优良父本品种。

3. 广灵驴

（1）**产地分布**　广灵驴产地为山西省东北部的广灵、灵邱两县，分布于广灵、灵邱及其周围各县的边缘地带。该地区历来重视畜牧业发展，农民养驴农耕，是我国塞外商品驴的繁殖基地。由于当时盛产谷子、豆类，又种植紫花苜蓿，农民以谷草、黑豆和苜蓿草精心喂养，注意选种选配，结合役使和放牧，形成广灵驴体型高大、体躯结实的品种特征。

（2）**体型外貌**　广灵驴（彩图10）体型高大，骨骼粗壮，体质结实，结构匀称，耐寒性强。驴头较大，鼻梁直，眼大，耳立，颈粗壮，鬐甲宽厚、微隆，四肢粗壮，背部宽广平直，俗称双梁双背，前胸宽广，尻宽而短，尾巴粗长，肌腱明显，关节发育良好，管骨较长，蹄较小而圆，质地坚硬，被毛粗密。被毛黑毛，但眼圈、嘴头、前胸口和两耳内侧为粉白色，余为黑色或者青色，当地群众叫"五白一黑"，又称黑画眉。还有全身黑白毛混生并有五白特征的，被称为"青画眉"。这两种毛色均属上等。广灵驴的平均体尺见表2-10。

表 2-10　广灵驴平均体尺

性　　　别	体高/厘米	体长/厘米	胸围/厘米	管围/厘米	体重/千克
公驴	138.4	138.5	147.2	17.8	205.3
母驴	134.1	131.6	146.9	15.7	234

（3）生产性能　广灵驴作为种畜，同种交配可改良小型驴，异种交配，所生骡子高大体壮。作为役畜，能挽善驮，力大持久。广灵驴的繁殖性能与其他品种近似，多在2~9月发情，3~5月为发情旺季。终生可产驹10头；经屠宰测定，平均屠宰率45.15%，净肉率30.6%。每100克广灵驴肉中，含蛋白质19.2克、脂肪9.6克、钙8.3毫克、磷200.2毫克、铁4.2毫克。广灵驴有易饲养、发病率低、适应性强、寿命长（比其他驴多10年左右）的优点，有良好的种用价值。其以耐寒闻名，对黑龙江省寒冷气候的适应性也较好。

4. 晋南驴

（1）产地分布　晋南驴产于山西省南部的运城、临汾两地，以夏县、闻喜两县为中心产区。产区境内农业发达，农副产品丰富，普遍栽培紫花苜蓿，草料条件优越，是形成晋南驴的物质基础。

（2）体型外貌　晋南驴（彩图11）属大型驴。体质紧凑、细致，皮薄毛细。体格高大，结构匀称，性情温驯。头部清秀，头中等大，耳竖立。颈部宽厚而高昂。鬐甲高而明显。胸部宽深，背腰平直，尻略高而稍斜。四肢端正，关节明显，蹄小而紧，前肢附蝉呈典型口袋状，尾细而长，尾毛长而垂于飞节以下。毛色以黑色有"三白"特征为主，占90%以上，少数为灰色、栗色。晋南驴的平均体尺见表2-11。

表 2-11　晋南驴平均体尺

性　　　别	体高/厘米	体长/厘米	胸围/厘米	管围/厘米	体重/千克
公驴	134.3	132.7	142.5	16.2	249.4
母驴	130.7	131.5	143.4	14.9	256.3

（3）生产性能　晋南驴属大型驴，体形较美，细致结实，产肉性能较好，平均宰前活重249.5千克，平均屠宰率51.5%，净肉率

40.25%。公驴的最大挽力平均为 238 千克，相当于体重的 95.4%。母驴的最大挽力平均为 221 千克，相当于体重的 86.2%。生长发育快，1 岁体高可以达到成年体高的 90% 左右。8 ~ 12 个月有发情表现，初配年龄为 2.5 ~ 3 岁，种公驴 3 岁开始配种，平均一次采精量为 70.5 毫升，精子活力 0.8 以上，密度为 1.5 亿 ~ 2 亿/毫升。

5. 长垣驴

（1）**产地分布**　长垣驴历史悠久，其品种形成在宋朝以前，明朝得以大发展。据《长垣县志》记载：富人外出多骑马、驾车；穷人远出多雇驴代步。因相对封闭的地理环境，少与外界交流，又经历代劳动人民的精心培育，使长垣驴逐渐形成了独具特征的地方品种。

（2）**外貌特征**　长垣驴（彩图 12）属中型驴，整体结构紧凑，体质结实，公母俊秀，体型侧视近似正方形。鬐甲低、短，略有隆起。前胸发育良好，胸较宽，较深。被毛细密，全身黑色，眼圈、嘴、鼻及下腹部为粉白色，黑白界线分明，部分为皂角黑（毛尖略带褐色，占群体数量的 15% 左右），其他毛色极少。头大小适中，眼大鼻直，槽口宽，口方正，耳大而直立。颈适中，头颈紧凑。腹部紧凑，背腰平直，荐部稍高，尻宽长而稍斜，中躯略短。四肢干燥，竖立如柱，四肢强健，蹄质坚实耐磨。尾毛长而浓密，尾根低。当地流传着"大黑驴儿，小黑驴儿，粉鼻子粉眼儿白肚皮儿"的民谣，是对长垣驴这一独特品种特征的形象描述。长恒驴的平均体尺见表 2-12。

表 2-12　长垣驴平均体尺

性　　别	体高/厘米	体长/厘米	胸围/厘米	管围/厘米	体重/千克
公驴	136	133	143	16	251.8
母驴	129.4	129.2	140.2	15.2	235.1

（3）**生产性能**　长垣驴屠宰率 52.7%，净肉率 41.6%。长垣驴公驴 25 月龄性成熟，2.5 ~ 3 岁开始配种，公驴每 2 天可交配 1 次，每次射精量为 60 ~ 90 毫升，采用本交，每头种公驴每年可配种 70 ~ 90 头，采用人工授精，年可配种 140 ~ 280 头。母驴 20 月龄性成熟，

2~2.5岁开始配种。母驴每年3~5月发情，发情周期21天，怀驴驹妊娠期355天，怀骡驹妊娠期338天，可利用年限为15~20年，平均受胎率93%，年产驹率75%。长垣驴的公驴初生重35千克，母驴初生重27千克，幼驴85~100日龄断奶，公驴断奶重50千克，母驴断奶重46千克。

第二节 驴的鉴定

驴的外貌特征与内部器官的形态、机能、局部和整体都具有密切的相关性，并对其生产用途和环境条件表现出一定的适应性，因此，在生产实践中通过对肉驴的体尺、外貌、体重、年龄、长相、走相、毛色、双亲和后代等方面综合考核、鉴定、选择，就能选择出优质的肉驴品种，实现规模化高效生产。

一 驴体各部位的评定

1. 头和颈

头是驴的重要部位。耳、眼、鼻、嘴和大脑等集中在头部。驴头大小要适中，呈方圆形。眼睛要大而明亮，上下眼珠颜色为橘黄色。耳朵大、竖起，灵活。鼻梁高、宽、直，鼻孔大。槽口宽，大嘴岔，齐嘴巴。额要宽、平。凡是耳朵下垂、眼睛无神、眼珠红色或白色、鼻孔小、尖嘴巴、上下耳对不齐、槽口窄的都属于头型不好的驴。

颈部的长短和肌肉发达程度对驴的工作性能有密切关系。细脖子、大脑袋、细脖子"挂"在肩膀上，都属于不好的结构。

2. 躯干

躯干内有心脏、肺、胃、肠和生殖器官，必须有一定的长度和强度，才能保护脏器。

鬐甲是颈、背和肩的连接点，起杆秤点的作用，要求鬐甲有一定的高度和长度。驴的背腰（脊背）宽、平直，凡是鲤背、凹背、弓腰、凹腰都是大缺点。尻部是驴的推进部位。驴的尻部要长、水平、稍宽，尖尻的不能留用。胸腔的大小与心脏、肺的生长发育有关。胸深、宽、长的驴工作性能强，能持久。前胸窄、鸡胸脯、肋骨平扁的驴没有长久的工作能力。

腹部大小适中。草腹（草包肚子）影响役使和配种，卷腹（狗肚子）多因营养不良引起，垂腹也影响役使和配种。

公驴的睾丸两侧对称，有时左侧的稍大些。睾丸要容易移动。单睾丸或隐睾者不能作为种用。母驴的阴门要大，黏膜粉红色，阴唇紧闭。乳房要大、对称，稍向前方伸展。

3. 四肢和肢势

四肢是支持驴的体重、推动躯体前进的器官。前肢要求大膀头上粗下细。前臂骨要长，掌骨要短，肘部肌肉要发达，不靠近胸壁。各关节要粗圆。

后肢要求肌肉发达，骨骼强壮，有一定的弯曲度。股部要长，肌肉发达。飞节要大，稍弯曲。前蹄要略呈圆形，倾斜50°左右。后蹄呈卵圆形，倾斜55°~60°。低蹄、高蹄、滚蹄都影响工作能力，立系、卧系、熊脚都不能留用。

选驴时，要特别注意站立时四肢的肢势。正确的肢势是从前、后侧方看，两前蹄或两后蹄之间可以放一个蹄。只有肢势正，蹄形才正。

二 驴的用途与品质判定

肉用驴的选择应突出产肉多、体型大，特别是后躯肌肉要发达。

1. 长相

长相是指外貌，包括驴的外部形态，身体各部分的均匀、结实程度，以及对外界环境刺激的敏感程度。从长相上一般可以了解驴的工作能力、适应性和健康状况等。

选驴时，让它自然站立在平坦的地方，在3~5米远处看一下整体状况，对其整体轮廓，长得是否匀称，各部位是否协调、对称，对外界环境的反应是否灵活、敏感等进行综合观察，评定优劣。

品质优良的肉驴应突出产肉多、体型大、后躯肌肉发达的特点，要求体质结实，骨骼、肌肉发达，皮肤紧凑有弹性，整个躯体呈方形，头大小适中，眼睛大而有神，耳竖立，鼻孔大，槽口宽，口方，牙齐，颈长宽厚，背腰平直，前胸宽深，肋骨拱圆，腹部充实，四肢端正，关节强大，性情活泼。

2. 走相

选驴时，还要注意它的步态，该项判定比立相还要重要。一般肢势和蹄形正确的驴，在运步时前后肢保持在同一平面上，呈正直方向前进，而肢势不正、体型缺陷、患病等原因都可表现出运步不正常。如运步时为内八字、外八字，飞节向外捻转，腿抬得过高，后蹄撞碰前蹄或左右蹄相碰等，都不能发挥正常的能力。应在驴慢步前者进时检查，必要时也可使其快跑时检查。要从前、侧、后方看驴举肢、着地状态，前后肢的关系，步履的大小，运动中头颈的姿势，肩的摆动，腰是否下陷，驴的兴奋性和反应等。

3. 毛色

毛色是指分布在驴体表面的短毛（被毛）和鬃、鬣、尾等保护毛的颜色。被毛一年脱换 2 次，晚秋换成长而密的毛，春末换成短而稀疏的毛。春季换毛的驴多是由于营养不良所造成的。

驴初生时的被毛称为胎毛，6 月龄左右换毛后才出现原本的毛色。一般毛色终生不变。识别毛色是养驴的基本常识。

驴的毛色比较简单，大部分为栗毛、兔褐毛、黑毛，而花毛、斑毛极为少见。驴的毛色与马的不同，大致分为以下几种：

（1）粉色 该毛色的驴全身短毛、长毛都是黑色，只有眼圈、嘴头和胸腔的下部为白色，即粉鼻、粉眼和白肚皮，俗称"三粉驴""燕皮驴""黑画眉驴"。

（2）黑色 该毛色驴全身被毛和皮肤均为黑色，俗称"黑乌头"。

（3）青色 该毛色驴全身被毛为黑白毛混生，随年龄增加而白毛增多。

（4）苍色 该毛色驴全身被毛为青灰色，头部和四肢颜色浅或呈白色，小型驴中多见此色。

（5）栗色 该毛色驴全身短毛都为粟子皮色，这种毛色很亮。

（6）银色 该毛色驴全身为浅黄色或浅红色，俗称"银红"或"米色驴"。

（7）白色 该毛色驴全身均为白色，皮肤为粉红色，终生不变，这种毛色很少见。

（8）灰色 该毛色是我国小型驴的主要毛色，被毛为鼠灰色，多有被绒、虎斑和鹰膀。

（9）花色 该毛色驴在有色毛的基础上分布有大白斑，小型驴中有少量的个体。

三 年龄判定

驴的自然寿命为30年。因为驴的年龄与其使用或种用价值有密切关系，因此在选购时要鉴定其年龄大小。

1. 老、幼龄驴的外貌区别

驴的老幼可以从外观上大致分辨出来。如幼驴头小、颈短、身短而腿长，额部半圆而突出，鬃短而直立，鬐甲低于尻部。驴在1岁之内，额部、背部、尻部往往生有长毛，毛长可达5～8厘米。

老龄驴的嘴唇下垂，多皱纹，眼窝塌陷，皮肤缺乏弹性，背腰软而下弯，动作不灵活，目光呆滞，额及颜面部散生白毛，前膝如飞节角度变小而多呈弯膝。

从外观上仅能判断驴的大致年龄，详细的年龄还要根据牙齿的变化判定。

2. 驴牙齿的数目、形状及构造

公驴的牙齿分为切齿、臼齿和犬齿3种。公驴有切齿12颗、犬齿4颗、臼齿24颗，共40颗，而母驴没有犬齿，所以共36颗牙齿。

驴的牙齿结构与马的基本相同，由最外层颜面发黄的垩质、中间的釉质层和最内层的齿质构成。

釉质在齿的顶端形成了一个漏斗状的凹陷，叫齿坎。齿坎空腔中的垩质，因食物残渣酸败腐蚀，使上部呈黑褐色，叫黑窝。黑窝被磨损消失后，磨损面上的釉质轮叫齿坎痕。齿髓腔中不断形成新的齿质，切齿就不断向外生长。由于齿髓腔上端不断被新的齿质填充而呈黄褐色，叫齿星。

在选购驴时，一定要分清黑窝、齿坎痕或齿星。如果把齿星看成是齿坎痕，就会把老龄驴判定为青年驴，若当成黑窝就更错了。

3. 不同年龄驴的切齿变化规律

随着驴年龄的变化，切齿的生长、脱换、磨损发生有规律的变化。可以根据切齿的变化判定驴的年龄。幼龄驴有黑窝、齿坎痕（3～5岁）、老龄驴有齿星（7～13岁）。随着驴年龄的变化，切齿的生

驴的品种选择与引进 第二章

长、脱换、磨损发生有规律的变化。乳牙出现在 1 岁；乳牙齿坎磨平为 1~2 岁；乳牙脱落、永久齿长成、开始磨平为 3~6 岁；齿坎变圆、齿星出现为 7~9 岁；下切齿坎磨平为 10~12 岁；下切齿坎消失、齿星位于中央且呈圆形为 13~15 岁；下切齿嚼面呈现纵椭圆形为 16~18 岁。根据变化规律，进行准确选购。

四 体尺和体重

准确测定驴体尺，可以弥补眼力观测不足的缺陷，了解驴生长发育、健康和营养状况，从而准确地选择驴个体，进行合理饲养和管理。

1. 驴的体尺测量

测量的用具主要有测杖、卷尺、圆形触测器、角度仪、长尺等。一般测量只需测杖和卷尺。常用的指标和测量的部位包括以下几部分。

（1）体高 从鬐甲顶点到地面的垂直距离。

（2）体长 从肩端到臀端的斜线距离。

（3）胸围 在鬐甲稍后方，用卷尺绕胸 1 周的长度。

（4）管围 用卷尺测左前管部上 1/3 部最细的地方，绕 1 周的长度，说明骨骼的粗细。

测量应在驴体左侧进行，驴应站立在平地上，四肢肢势端正，同时负重。测时卷尺应拉紧。一般每个部位测 2 次以上，取其平均数。

2. 体重测量

一般用地秤测量。应在早晨未饲喂之前进行，连续测量 2 天，取其平均数。若不用地秤，可用以下公式估算：

体重（千克）=（胸围×胸围×体长/10800）+25。

3. 指数计算

以体高为基数，计算其体尺与体重的比例关系，称为体尺指数。常用以下几种计算公式。

（1）体长指数 体长率＝体长/体高×100。

（2）胸围指数 胸围率＝胸围/体高×100。

（3）管围指数 管围率－管围/体高×100。

(4) 体重指数 体重率－体重/体高×100。

五 综合评定法

通过看双亲和后代，鉴定驴个体，选择优秀个体进行育肥。

若要挑选肉驴进行育种，提高驴群质量就要进行综合评定。综合评定的项目包括驴个体的血液、外貌、体尺、性能和后裔评定的结果，划分个体的鉴定等级。一般的育肥就不用了。

第三节 驴的品种利用

养驴业由过去的单纯役用型，转向役肉兼用、肉役兼用甚至肉用型生产，是其发展的必由之路。目前发展肉驴生产的时机已经成熟，为提高驴的产肉能力，加快生产的转型，要采用育种、杂交改良和科学饲养育肥的综合手段。

一 建立优良驴种繁育基地

我国有多个优良的地方驴种，是育种改良的宝贵基因库。近十年来由于养殖数量的大幅下降，对这些地方良种亟待采取更有效的保种措施。对德州驴（尤其是其中的"乌头"）、关中驴等大型优良驴种，要恢复和建立育种群，严格按照品种标准，开展本品种选育，加强幼驴的培育，提纯复壮，选种选配，不断提高品种质量，为各地养驴业提供优良的驴种。

二 开展杂交改良

杂交能产生杂种优势，即杂交一代能表现出比其上一代更优越的生长势头和适应能力。杂交不仅是肉用生产的手段，也是驴种改良的手段。可以利用本地品种的母驴，引入优良驴种进行杂交改良。为避免杂交妊娠的母驴"难产"，应以大型驴种（公）杂交中型驴种（母）、中型驴种（公）杂交小型驴种（母）。实践证明，杂交改良的后代具有初生重大、生长发育快、体躯高大、产肉能力高的特点。

三 采用科学的饲养育肥方式

各地要根据其驴种资源、牧草秸秆资源的实际，选择一条低成

本、节粮型、出栏快的高效益育肥方式。以家庭饲养为主的要适当具备一定规模，这是推行科学养驴与提高养驴效益的基础。根据具体情况可以选择专业繁育、自繁自养、集中育肥等方式。

专业繁育是以培育出售种驴为目的，组建良种基本母驴群，选种选配，以放牧为主，加强补饲，以培育出优良的种用后备驴；自繁自养是以自繁的驴驹进行一贯制育肥，利用幼驴在12月龄前生长发育最为迅速、增重快的特点，直接育肥出售；集中育肥是从驴源广的地区收购架子驴，进行集中舍饲强度育肥，育肥期2～3个月。以上方式可以优化资源配置，集中资金和技术，细化生产分工，形成产业链式的生产体系，从而达到生产水平的整体提高，同时对驴种的选育提高也有重要的意义。

第四节　驴的引进

一　开办驴场的手续

规模化养殖数量多，占地面积大，产品产量和废弃物排放多，必须有合适场地并登记注册，这样可享受国家有关优惠政策和资金扶持。登记注册需要一套手续，并在有关部门备案。

1. 项目建设申请

1）用地审批。近年来，传统农业向现代农业转变，农业生产经营规模不断扩大，农业设施不断增加，对于设施农用地的需求越发强烈（设施农用地是指直接用于经营性养殖的畜禽舍、工厂化作物栽培或水产养殖的生产设施用地及其相应附属设施用地，以及农村宅基地以外的晾晒场等农业设施用地）。原国土资源部、农业部关于完善设施农用地管理有关问题的通知（国土资发〔2010〕155号）对设施农用地的管理和使用做出了明确规定，将设施农用地具体分为生产设施用地和附属设施用地，认为它们直接用于或者服务于农业生产，其性质不同于非农业建设项目用地，依据土地利用现状分类（GB/T 21010—2017），按农用地进行管理。因此，对于兴建养殖场等农业设施占用农用地的，不需办理农用地转用审批手续，但要求规模化畜禽养殖的附属设施用地规模原则上控制在项目用地规模7%以内（其中，规模化养牛、养驴的附属设施用地规模比例控制在

10%以内），最多不超过15亩。养殖场等农业设施的申报与审核用地按以下程序和要求办理。

① 经营者申请：设施农业经营者应拟定设施建设方案，方案内容包括项目名称、建设地点、用地面积，拟建设施类型、数量、标准和用地规模等，并与有关农村集体经济组织协商土地使用年限、土地用途、补充耕地、土地复垦、交还和违约责任等有关土地使用条件。协商一致后，双方签订用地协议。经营者持设施建设方案、用地协议向乡镇政府提出用地申请。

② 乡镇申报：乡镇政府依据设施农用地管理的有关规定，对经营者提交的设施建设方案、用地协议等进行审查。符合要求的，乡镇政府应及时将有关材料呈报县级政府审核；不符合要求的，乡镇政府及时通知经营者，并说明理由。涉及土地承包经营权流转的，经营者应依法先行与农村集体经济组织和承包农户签订土地承包经营权流转合同。

③ 县级审核：县级政府组织农业部门和国土资源部门进行审核。农业部门重点就设施建设的必要性与可行性，承包土地用途调整的必要性与合理性，以及经营者农业经营能力和流转合同进行审核，国土资源部门依据农业部门审核意见，重点审核设施用地的合理性、合规性及用地协议，涉及补充耕地的，要审核经营者落实补充耕地情况，做到先补后占。符合规定要求的，由县级政府批复同意。

2）环保审批。由本人向项目拟建所在设乡镇提出申请并选定养殖场拟建地点，报县环保局申请办理环保手续（出具环境评估报告）。

> ⚠ 【注意】 环保审批需要附项目的可行性报告，与工艺设计相似，但应包含建场地点和废弃物处理工艺等内容。

2. 养殖场建设

按照县国土资源局、环保局、县发展改革和经济信息化局批复进行项目建设。开工建设前向县农业局或畜牧局申领"动物防疫合格证申请表""动物饲养场、养殖小区动物防疫条件审核表"，按照审核表内容要求施工建设。

3. 动物防疫合格证办理

养殖场修建完工后，向县农业局或畜牧局申请验收，县农业局

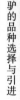

派专人按照审核表内容到现场逐项审核验收，验收合格后办理动物防疫合格证。

4. 工商营业执照办理

凭动物防疫合格证到县工商局按相关要求办理工商营业执照。

5. 备案

养殖场建成后需到当地县畜牧部门进行备案。备案是畜牧兽医行政主管部门对畜禽养殖场（指建设布局科学规范、隔离相对严格、主体明确单一、生产经营统一的畜禽养殖单元）的建场选址、规模标准、养殖条件予以核查确认，并进行信息收集管理的行为。

（1）备案的规模标准 养猪场设计存栏规模 300 头以上、家禽养殖场 6000 只以上、奶牛养殖场 50 头以上、肉牛养殖场 50 头以上、肉驴养殖场 200 头以上和肉兔养殖场 1000 只以上应当备案。各类畜禽养殖小区另有规定。

（2）备案具备的条件 申请备案的畜禽养殖场应当具备下列条件：

一是建设选址符合城乡建设总体规划，不在法律法规规定的禁养区，地势平坦干燥，水源、土壤、空气符合相关标准，距村庄、居民区、公共场所、交通干线 500 米以上，距离畜禽屠宰加工厂、活畜禽交易市场及其他畜禽养殖场或养殖小区 1000 米以上。二是建设布局符合有关标准规范，畜禽舍建设科学合理，动物防疫消毒、畜禽污物和病死畜禽无害化处理等配套设施齐全。三是建立畜禽养殖档案，载明法律法规规定的有关内容；制定并实施完善的兽医卫生防疫制度，获得动物防疫合格证；不得使用国家禁止的兽药、饲料、饲料添加剂等，严格遵守休药期规定。四是有为其服务的畜牧兽医技术人员，饲养畜禽实行全进全出，同一养殖场和养殖小区内不得饲养两种（含两种）以上畜禽。

二 需要办理的证件

运输驴需要办理的证件主要包括准运证、税收证据、兽医卫生健康证件、车辆消毒证件、技术改进费和自产证件（证明畜方产权）。其中，兽医卫生健康证件包括：非疫区证明、防疫证和检疫证。

上述证件，必须由赶运人员持证，并提前办理好各种手续，以减少运输途中不必要的麻烦。

三 引进前的准备

做好引进前的准备，是保证引种顺利进行的前提。准备工作主要包括以下几方面：一是制订引进计划。驴场和养殖户应结合自身的实际情况，根据种群引进和更新计划，确定所需品种和数量，有选择地购进能提高本场种驴某种性能、满足自身要求，并与自己的驴群健康状况相同的优良个体。根据引进计划，选择质量高、信誉好的驴场引种。二是调查各地疫病流行情况和各种种驴的质量情况，要从没有疫病流行危害严重的地区，且经过详细了解的健康驴场引进驴。同时还应了解该驴场的免疫程序及其具体措施。三是隔离舍的准备工作。驴场应设隔离舍，要求距离生产辅助区最好有 300 米以上，在驴到场前的 7 天对隔离栏舍及用具进行严格消毒，可选择质量好的消毒剂，如有机氯消毒剂、复合碘制剂等，进行多次严格消毒。

四 驴的选择

1. 种公驴和繁殖母驴的选择

(1) 头颈部 头要大小适中，干燥方正，以直头为好。前额要宽，眼要大而有神，耳壳要薄，耳根要硬，耳长竖立而灵活。鼻孔大，鼻黏膜呈粉红色。齿齐口方，种公驴的口裂大、叫声长，头要清秀、皮薄、毛细、皮下血管和头骨棱角要明显，头与地面呈 40°角，头与颈呈 90°角。选择时应选颈长厚、肌肉丰满、头颈高昂、肩颈结合良好的个体。

(2) 躯干部 包括鬐甲、背、腰、尻、胸廓和腹等。鬐甲要求宽厚高强、发育明显，背部要求宽平而不过长，尻部肌肉丰满，胸部要求宽深，肋骨拱圆，腹部发育良好、不下垂，歁部要求短而平。阴茎要细长而直，两睾丸要大而均衡；母驴要阴门紧闭，不过小，乳房发育良好且呈碗状者为优，乳头大而粗、对称，略向外开张。

(3) 四肢部 要求四肢结实、端正，关节干燥，肌腱发达。从驴体前后左右四面看，是否有内弧或外弧腿（即 O 形或 X 形腿），

是否有前踏、后踏、广踏或狭踏等不正确的姿势，是否四肢关节有腿弯等现象。

（4）牵引使其直线前进并观察 观察步态、举肢、着地是否正常，步幅大小，活动状态，有无外伤或残疾、跛行等。

（5）向畜主询问 询问系谱、年龄、体尺、体重遗传、生理和饲养管理等技术资料。

2. 商品肉驴选择

（1）符合品种要求 不同品种外貌特征、体重和生长速度不同。选择符合品种要求的驴。

（2）健康无病 驴的结构匀称，结实有力，精神饱满；呼吸正常，活泼好动，眼、鼻无分泌物，无明显外伤及跛行现象；排便姿势正常，不应有腹泻或疼痛发生；不应有关节炎症状。

五　驴的运输管理

1. 运输前管理

（1）饲喂 装运前3~4小时应停止饲喂具有轻泻性的饲料，如青贮料、麸皮、新鲜青草等。每100千克饮水添加50克电解多维，运输前2小时停止饮水。

（2）选择有运输经验的车辆 为爱护毛驴，避免运输中造成外伤等，要根据毛驴数量选择车型，并选择有运输牲口经验的车主。事先做好对车的消毒工作，汽车要加高大厢板，车厢底应该铺上7~8厘米厚的沙子，再铺上干草或玉米秸秆等，在运输中起吸湿防滑作用。

（3）选择适宜的季节 大规模运输尽量避免夏季及寒冬，雨雪天气也不得运输。夏季运输适当降低运输密度及数量在车顶安装遮阳网，避免驴中暑；若冬季运输，且气温低于－20℃，要将车辆蒙布以御寒。

（4）公母分开装运 为便于管理，要求公母驴分开装车。

2. 运输中管理

（1）装车 运输距离低于1500千米或运输不超过36小时，采用简单的散装；运输距离超过1500千米或运输超过36小时，需要吊装，即把每头驴胸部和腹部都用绳子吊住。

（2）运输密度 运输过程中必须注意车厢中驴的密度，密度过大会引起强烈的应激反应；实际运输密度要根据驴的体重大小而定，不足1岁的驴占地0.5米²/头、1~2岁的驴占地0.8米²/头、2岁以上的驴占地1米²/头。

（3）运输速度 车速方面，土路和石渣路不得超过30千米/小时，村间公路不得超过50千米/小时，高速路不得超过80千米/小时，避免急刹车、快转弯。勤观察，遇有转弯和颠簸路段，停车检查1次。正常行驶期间，每间隔3个小时观察1次驴群，注意有无摔倒的驴。开车保持匀速，禁止忽快忽慢，转弯时要慢。运输中应该防止日晒雨淋。

（4）运输中注意问题 一是天气炎热，或运程运输超过24小时，需要给驴提供饮水。一般短距离运输（不超过6小时），途中可以不喂草料和饮水。长距离运输时一定要备好饲草，饲草的量依据运输的距离、天数而定。饲草要用木栏与驴隔开，以防驴踩踏而污染。二是倒伏处理。运输中，驴倒伏后，押车人员进入车厢，驱赶倒伏驴周边的驴，腾出2头驴站立的位置，一边拽驴尾巴，一边通过敲打驴耳朵，辅助毛驴站起。三是应尽量做到快、勤、稳。尽量缩短运输时间；勤换岗，尤其是夏季利用车辆的行驶通风，防止中暑，押运人员要眼勤、手勤；稳要做到平稳，路面不好时应放慢车速。四是必须准备装卸台，与车子连接紧密，批量打好耳标后，通过驱赶、推、抬等方式，每6~10头一起哄下车，禁止用棍棒打驴。

六 驴引进后的管理

1. 接驴准备

（1）准备圈舍 圈舍加强通风换气，及时清洁消毒，降低舍内氨臭味，减少蚊蝇。

（2）准备抗菌药物 抗生素对早期治疗有一定效果，最好选用针对支原体与细菌高敏的药物，如环丙沙星、四环素、泰乐菌素类、替米考星和泰妙菌素类抗菌药等。

2. 应激处理

卸载后，让驴自由活动，休息2小时左右，再给予清洁饮用水（冬季给予干净温水），有条件的可以在饮水中添加电解多维和高剂量的维生素 C 等，也可熬煮板蓝根水加少量的糖、盐给予饮用。5 小时后可以给予优质的干草，在一个星期内不要饲喂具有轻泻性的青贮饲料、酒渣、鲜草和易发酵饲料，少喂精料，多喂干草，使驴吃六成饱即可。

3. 隔离观察

驴到场后，必须隔离观察 15 天。在隔离期间，每天要深入驴群观察驴群精神状态，刚到场的驴可能会因环境不适应出现感冒等症状，需要及时单独隔离。在衡量经济和饲养价值后做出治疗或淘汰的决定，及时淘汰治疗价值不高的驴，以减少经济损失，要记得驱虫和粪便无害化处理。

4. 加强饲养管理

配备足够的人力、物力、设施设备，做好兽医卫生防疫工作，丰富饲草、饲料类别，按时按量投料，保障清洁饮水。

——第三章——
驴场的建设

● 【提示】 驴场建设、设备和用具设计等都直接影响到今后的技术管理、生产经营和经济效益。因此，必须根据生产方向、生产任务、饲养管理方式、生产规模及集约化程度等条件，结合当地自然经济条件综合平衡后，再科学选择场址、合理规划布局、设计保温隔热性能良好的驴舍，注重设备和用具选型等，为创立肉驴生产的最佳环境奠定基础。

第一节 驴场场址选择

驴场场址的选择要做周密考虑、全盘安排和比较长远的规划，必须与农牧业发展规划、农田基本建设规划及今后修建住宅等规划结合起来，必须符合兽医卫生和环境卫生的要求，周围无传染源，无人畜共患地方病，适应现代化养驴业的发展趋势。因此在建场前，一定要认真考察，合理规划，根据生产规模及发展远景，全面考虑其布局。

━ 外部环境条件

外部环境条件是指驴场与周围社会的关系，如相互间的环境影响、交通运输、电力供应、信息交流、防疫条件等。

1. 地形与地势

驴场的场地地势高燥、背风向阳、空气流通、地下水位低便于排水并具有缓坡的开阔、平坦的地方。低洼、潮湿的地方容易发生驴的腐蹄病，滋生各种微生物，诱发各种病，不利于驴的健康。总

的坡度应向南倾斜（地面坡度以 1%～3% 较为理想，坡度过大，建筑施工不便，也会因雨水长年冲刷而使场区坎坷不平），山区或丘陵地区应把驴场建在山坡南面或东南面，左右有利于背风向阳，但坡度不宜过大，南面应有广阔的运动场。地形要开阔整齐。场地不要过于狭长或边角太多，场地狭长往往影响建筑物合理布局，拉长了生产作业线，同时也使场区的卫生防疫和生产联系不便。边角太多会增加场区防护设施的投资。

2. 便于交通，利于防疫

驴场生产过程中，幼畜、种畜、产品、草料和设备用具等需要运输，要求交通便利。同时，为避免疫病的传播和发生，要求有较好的防疫条件。为了满足驴场防疫和交通的需要，驴场不能紧邻交通要道，主要圈舍区应距公路、铁路交通干线 300 米以上，但必须有能通行卡车的道路与公路相连，以便于组织生产。最好选择有天然屏障的地方建栏舍。驴场应选建在居民区下风向地势略低的地方，距离住宅区至少应在 150 米以上；主要圈舍区应距河流300 米以上。

3. 饲草资源

周围及附近要有丰富的饲草资源，特别是像花生秧、甘苗秧、大豆秸、玉米秸等优质的农副秸秆资源。

4. 其他

规模化养驴除一般照明用电外，可能还需要安装一些饲料和饲草加工设备，因而应具备足够的供电力。若能选建在电力设施已经配套的地方更好；在有偿使用的情况下，对于土地的占用，一定做到能少就少，以便减少租赁开支，尽可能占用非耕地资源，充分利用荒坡作为驴场场地；驴场建设还要考虑到以后的发展需要。

二 水环境质量要求

1. 饮用水的卫生要求

在选择场址时，对水源的水量和水质都应重视，才能保证驴的健康和生产力的不断提高。在舍饲条件下，应有自来水或井水，注意保护水源，保证供水。不给驴喝沼泽地和洼地的死水。

饮水的质量直接关系到动物的生长发育和健康。不洁饮水引起动物腹泻、营养吸收障碍和其他多种疾病。在目前养殖业中，人们对饲养卫生比较重视，但对饮水卫生状况注意不够，造成多种疾病发生使养驴生产能力下降。

水源最好是不经处理即符合饮用标准，新建水井时，要调查当地是否因水质不良而出现过某些地方病，同时还要做水质化验，以利于人、驴健康。此外，驴场用水要求取用方便，处理技术简便易行。同时要保证水源水质经常处于良好状态，不受周围条件下的污染。饮水质量必须符合国家《无公害食品　畜禽饮用水水质》（NY 5027—2008）要求，见表3-1。地面水水质卫生要求见表3-2。

表3-1　畜禽饮用水水质标准

指　标	项　目	标　准　值
感官性状及一般化学指标	色度	≤30 度
	混浊度	≤20 度
	臭和味	不得有异臭、异味
	肉眼可见物	不得含有
	总硬度（以 $CaCO_3$ 计）/（毫克/升）	≤1500
	pH	5.5～9
	溶解性总固体/（毫克/升）	≤1000
	硫酸盐（以 SO_4^{2-} 计）/（毫克/升）	≤500
细菌学指标	总大肠杆菌群数/（个/100 毫升）	成年畜 10；幼畜和禽 1
毒理学指标	氟化物（以 F^- 计）/（毫克/升）	≤2
	氰化物/（毫克/升）	≤0.2
	总砷/（毫克/升）	≤0.2
	总汞/（毫克/升）	≤0.01
	铅/（毫克/升）	≤0.1
	铬（六价）/（毫克/升）	≤0.1
	镉/（毫克/升）	≤0.05
	硝酸盐（以 N 计）/（毫克/升）	≤30

第三章
驴场的建设

表3-2　地面水水质卫生要求

指　标	卫　生　要　求
悬浮物质	含有大量悬浮物质的工业废水，不得直接排入地面水，以防止无机物淤积河床
色、臭、味	不得呈现工业废水和生活污水所特有的颜色、异臭或异味
漂浮物质	地面水不得出现较明显的油膜或浮沫
pH	6.5 ~ 8.5
生化需氧量	不超过3 ~ 4毫克/升（5天，20℃测定量）
溶解氧	不低于4毫克/升
有害物质	不超过有关规定的最高允许维度
病原体	含有病原体的工业废水，必须经过处理和严格消毒，彻底消灭病原体后再排入地面水

2. 水的净化与消毒

水的净化方法有沉淀与过滤，目的是改善水质的物理性状，除去悬浮物质与部分病原体。消毒的目的是杀虫、灭除水中病原体。

（1）混凝沉淀　常用的混凝剂有铝盐（如明矾、硫酸铝等）和铁盐（如硫酸亚铁、三氯化铁）。混凝沉淀的效果与一系列因素有关。混浊度大、温度高，混凝沉淀的时间就长。硫酸铝的用量为50 ~ 100毫克/升。

（2）过滤　常用的滤料是沙，也可用矿渣、煤渣等，滤料应无毒无害。集中式给水可修各种形式的沙滤池，分散式给水可在河、岸修建各种形式的渗水井。

（3）消毒　水经过混凝沉淀和沙滤处理后，细菌含量已大大减少，但没有完全除去，还有存在病原菌的可能。为了确保饮水安全，必须经过消毒处理。常用的消毒方法有两大类，即物理消毒法（如煮沸消毒、紫外线灯消毒等）和化学消毒法。化学消毒法的种类很多，常采用的是氯化消毒法。

1）消毒剂。常用的氯化消毒剂有漂白粉、漂白粉精和液态氯。集中式给水的消毒，主要用液态氯，经加氯机配成氯的水溶液或直接将氯气加入管道中。小型水厂和一般分散式给水多用漂白粉消毒，漂白粉的杀菌能力取决于其所含的"有效氯"。新漂白粉一般含有效氯25%~35%，但在空气中易受二氧化碳、水分、光线和高温等影响发生分解，使有效氯含量不断减少。因此必须将漂白粉装在密封的棕色瓶内，放在低温、干燥、阴暗处，并在使用前检查有效氯含量。如果有效氯含量在15%以下，则不宜作为饮水消毒用。

2）消毒原理。氯化消毒法主要是由于氯在水中形成次氯酸及次氯酸根。同时，次氯酸的氧化能力强，可破坏巯基酶的活性，使微生物因糖代谢发生严重障碍而死亡。

3）影响消毒效果的因素。一是消毒剂用量和接触时间。加入水中的氯化消毒剂用量通常按有效氯计算。一般情况下，清洁水的加氯量为1~2毫克/升，接触30分钟后水中余氯量大于0.3毫克/升，消毒的效果较好。二是水的pH。pH的高低可影响生成次氯酸的浓度。pH低时，主要以次氯酸形式存在；pH升高，次氯酸可离解成次氯酸根，次氯酸的杀菌效果是次氯酸根的80~100倍。三是水温。水温高，杀菌效果好；水温低时，只有增加氯量才会收到应有的杀菌效果。四是水的混浊度。混浊度高的水必须首先进行沉淀过滤处理，再进行氯化消毒才会收到较好的效果。

4）消毒方法。不同水源及不同供水方式，消毒方法可以多种多样。分散式给水消毒的方法有两种。第一种是普通消毒法。在井中逐日加入漂白粉，一般井水的需氯量为0.5~1.5毫克/升。比较混浊的井水，需氯量可达3~5毫克/升。消毒时，将需要的漂白粉用水配成0.5%~0.7%的溶液，把澄清液倒入水中，用洁净的竹竿在井内搅动，30分钟后从井中取水样测定余氯含量，以0.3~0.5毫克/升为宜。如果余氯不足或过多，说明消毒所加漂白粉的量太少或太多，应调整所加漂白粉的量。第二种是持续消毒法。持续消毒法是将盛有漂白粉的各种开孔容器放在井内使其漂浮于井水中，借取水时的振荡，氯液不断渗出与井水接触，使井水中经常保持适量的有效氯，可持续使用数天，此法效果良好、使用方便、节省人力。装漂白粉的容器有竹筒、塑料袋、陶瓷罐、小口瓶等。采用持续消毒法应经常检查余氯量及细菌数，根据消毒效果改进持续消毒器。如果发现容器小孔堵塞，应取出疏通。容器内漂白粉使用一定时间后，应重新补充。

三 土壤质量要求

驴场场地的土壤情况对驴机体健康影响很大。土壤透气、透水性、吸湿性、毛细管特性及土壤中的化学成分等，都直接或间接地影响场区的空气、水质，也影响土壤的净化作用。适合建立驴场的土壤，应该是透气性好、易渗水、热容量大、毛细管作用弱、吸湿性导热性小、质地均匀、抗压性强的土壤，故沙壤土地区为理想的驴场场地。沙壤土透水通气性良好、持水性小，因而雨后不会泥泞，易于保持驴场有适当的干燥环境，防止病原菌、蚊蝇、寄生虫卵等生存和繁殖，同时也利于土壤本身的自净。选择沙壤土质建场，对驴本身的健康、卫生防疫、绿化种植等都有好处。选址时应避免在旧驴场（包括其他旧牧场）场地上改建或新建。

但在一定的地区，由于客观条件的限制，选择理想的土壤是不容易的，这就需要在驴舍的设计、施工、使用和其他日常管理，设法弥补当地土壤的缺陷。

第二节 驴场规划布局

驴场的规划布局就是根据驴场的规划和拟建场地的环境条件（包括场内的主要地形、水源、风向等自然条件），科学确定各区的位置，合理确定各类屋舍建筑物、道路、供排水和供电等管线、绿化带等的相对位置及场内防疫卫生的安排。场区布局要符合兽医防疫和环境保护要求，便于进行现代化生产操作。场内各种建筑物的安排，要做到土地利用经济，建筑物间联系方便，布局整齐紧凑，尽量缩短供应距离。

一 分区规划

分区规划就是从人、驴健康角度出发，考虑驴场地势和主风向，将驴场分成不同的功能区，并合理安排各区位置。

1. 分区规划的原则

驴场的分区规划应遵循下列几项基本原则：一是应体现建场方针、任务，在满足生产要求的前提下，做到节约用地，少占或不占耕地；二是在建设一定规模的驴场时，应当全面考虑驴粪的处理和利用；三是应因地制宜，合理利用地形地物，以创造最有利的驴场环境、减少投资、提高劳动生产率；四是应充分考虑今后的发展，在规划时留有余地。

2. 分区规划

驴场一般分成管理区、生产辅助区、生产区、病畜隔离与粪污处理区（图3-1），各区之间保持一定的卫生间距。

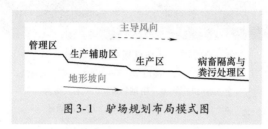

图 3-1 驴场规划布局模式图

管理区是生产经营管理部门所在地；生产辅助区是驴场的核心，驴舍、饲料加工与贮存、消毒设施等生产与辅助生产性建筑物集中于此。为了防止疫病传播，保障驴群健康，需要设置病畜隔离与粪污处理区。驴的隔离观察、疾病诊断治疗及病死驴的处理等在此区域内进行。兽医室、病驴隔离室、动物无害化处理等应位于驴舍的下风向的地势低处，并远离驴舍 300 米左右，有围墙和独立的通路与外界隔绝。生产辅助区与病畜隔离与粪污处理区必须用严密的界墙、界沟封闭，并彼此保持 300 米的间隔。种驴区与商品驴区应保持不小于 100 米的距离。管理区从事生产经营管理，与外界保持经常性联系，宜靠近公共道路，与生产辅助区保持 50 ~ 100 米的距离。

二 合理布局

驴场布局要兼顾隔离防疫和提高生产效率，其立体图参见图3-2。

1. 驴舍布置

驴舍应布置在生产辅助区的中心位置，平行整齐排列布置。若不超过 4 栋，可呈一行排列，需要饲料多的驴舍集中在中央。超过 4 栋的要呈两行排列。两行驴舍端墙之间间隔 15 米。这样的布局既可保证最短的运输、供水、输电距离，也可保证有一致的采光，并有

利于通风。

图 3-2　驴场规划布局立体图
1—养驴场大门　2—接待室　3—办公室　4—化粪池
5—细饲料棚　6—粗饲料库　7—工人宿舍
8—药物室　9—驴舍生活区　10—隔离区

　　前后驴舍距离应考虑防疫、采光与通风的要求。前后两栋驴舍之间的距离应不小于 20 米。我国地处北纬 20°～50°，太阳高度角冬季小、夏季大，驴舍朝向在全国范围内均以南向（即驴舍长轴与纬度平行）为好。这样的排列，冬季有利于太阳光照入舍内，提高舍温；夏季阳光照不到舍内，可避免舍内温度升高。由于地区、地势的差异，结合考虑当地地形、主风向及其他条件，驴舍朝向可因地制宜向东或向西做 15° 的偏转。南方夏季炎热，以适当向东偏转为好。驴舍的布局次序应是先种驴，后母驴、幼驴、育肥驴。

　　为了减轻劳动强度，给提高劳动生产率创造条件，尽量紧凑地配置建筑物，以保证最短的运输、供电和供水线路，便于机械化操作。集约化驴场生产过程中的机械化饲养系统，包括饲料加工、调制、分发 3 个部分，应按流水作业线布置。供水系统包括提水、送水、自动饮水等；除粪、排水系统，包括由舍内清除粪尿、由粪沟中清除粪尿。要求相关建筑物适当集中配置，使相应的生产环节保持最紧凑的联系。

　　2. 饲草加工与贮存类建筑物布局

　　在布局饲草加工与贮存类建筑物时，因其与外界联系较多，故通常设在管理区的一侧。加工调制间靠近需要饲料多的驴舍，饲料贮存间一侧紧贴生产辅助区围墙，门开在围墙上。这样的布置可避免运送饲料的车辆进入生产辅助区，以保证生产安全。干草垛与垫草堆要设在驴舍的下风向，并保持不小于50米的防火间隔。垛草台及草棚是专供堆垛干草、秸秆或袋装成品饲草的台子及棚舍。垛草台高应为60～70厘米，表面摆放木棍或石块，以便防潮。有条件的场应修建草棚，地面为水泥结构并设有隔水层，草棚的门应设计得宽些，门扇朝外，以便开门和运草车辆的出入。

3. 干草棚及草库

干草棚和草库大小根据饲养规模、粗饲料的贮存方式、日粮的精粗料比重等确定。用于贮存、切碎粗饲料的草库应建得较高，为5～6米。草库的窗户离地面也应较高，至少在4米以上。干草棚和草库应设防火门，距下风向建筑物应大于50米。

4. 饲料加工厂

饲料加工厂包括原料库、成品库、饲料加工间等。原料库的大小应能够贮存驴场10～30天所需要的各种原料，成品库可略小于原料库，库房内应宽敞、干燥、通风良好。室内地面应高出室外30～50厘米，地面以水泥地面为宜，房顶要具有良好的隔热、防水性能，窗户要高，门窗注意防鼠，整体建筑注意防火等。饲料加工厂建在距离每栋驴舍都适中的位置，特别要注意距离消耗饲料多的驴舍尽量近些，而且位置稍高，这样既能干燥通风，又有利于成品料向各驴舍运输。

5. 人工授精室

大、中型驴场受配母驴较多，为使发情母驴适时配种，优秀种公驴得以充分利用，应建造人工授精室。

人工授精室由采精室、精液室和输精室3部分组成，是规模化驴场的主要设施。人工授精室面积大小根据驴群规模而定，要清洁、保温、明亮，采精室、输精室室温应在20℃左右，精液检查室室温在25℃。输精室应有足够的面积，采光系数不应少于1:15。为节约投资，提高棚舍利用率，也可在不影响产驹母驴及幼驴正常活动的情况下，利用一部分产驹室，再增设一间人工输精室即可。

6. 晒场

晒场应设在草棚、精料库之前，供晒晾草料之用，也可用于掺和饲料。为避免压坏草料，在经常过车的地方应当修建专用的车道。

第三章 驴场的建设

7. 饲料池

饲料池是进行青绿饲料、秸秆等饲料青贮、贮存或加工处理所需的各种池子，每种池子的大小、容量、样式应根据每次各种饲料总的需要贮存量或处理量而定。其具体设计应以方便饲料贮存、取用为原则。

8. 驴产品的贮存及初加工建筑物布局

宜设在靠近生产驴群的一侧，紧贴生产辅助区围墙，将运出的门直接开在围墙上，以避免运输工具进入生产辅助区内。畜产品加工厂不得设在生产辅助区内。

9. 粪场

粪场应设在生产辅助区下风向的地势低洼处，与住宅间隔保持200米，与驴舍应有100米的卫生间隔，并应便于粪肥运往农田。最好有围墙隔离，并远离水源，以防污染。定期将驴舍内的粪便清除，运往粪场堆放，利用微生物发酵腐熟，作为肥料出售或肥田，也可利用驴粪生产有机复合肥料。

10. 运动场与道路

舍外运动场应选择在背风向阳的地方，一般是以前排驴舍的后墙和后排驴舍的前墙之间的空地作为运动场。运动场应有坡度，以便排水和保持干燥，四周设置围栏〔可以用钢管，也可以用水泥桩（柱）建造〕或墙，要求结实耐用，其高度为1.2米。驴舍外的运动场大小应根据驴舍设计的载驴规模和体型大小确定。运动场的长度与驴舍长度一致，其宽度参照每头驴10米^{2}计算出宽度（每头驴应占面积为成年驴15～20米^2，育成驴10～15米^2，幼驴5～10米^2）。运动场的地面以三合土为宜。驴随时都要饮水，除舍内饮水外，还必须在运动场边缘设饮水槽，槽长3～4米，上宽70厘米，槽底宽40厘米，槽高40～70厘米，每25～40头驴应设1个水槽。要保证供水充足、卫生、新鲜。运动场周围要建围栏（彩图13）。

场内设置清洁道和污染道。清洁道宽度为5～6米，污染道为3米左右，道路两侧应有排水沟并植树，路面坚实、排水良好。

11. 公共卫生设施

为避免一切可能的污染和干扰，保证防疫安全，驴场应建立必要的卫生设施。

1）隔离墙（或防疫沟）的场界要划分明确，四周应建较高的围墙或坚固的防疫沟，以防止外界人员及其他动物进入场区。驴场大门及各驴舍入口处，应设立消毒池或喷雾消毒室、更衣室、紫外线灯等。

2）给水设施应考虑给水方式和水源保护。分散式给水是指各排驴舍内可打一口浅水井，但地下水一般比较混浊，细菌含量较多，必须采用混凝沉淀、沙滤净化和消毒法来改善水质。集中式给水，通常称"自来水"，把统一由水源取来的水，集中进行净化与消毒处理，然后通过配水管网将清洁水送到驴场各用水点。集中给水的水源主要以水塔为主，在其周围设有卫生保护措施，以防止水源受到污染。

3）排水设施。场内排水系统多设置在各种道路的两旁及运动场周边，一般采用大口径暗管埋在冻土层以下，以免冻结。如果距离超过200米，应增设沉淀井，以尽量减少污染物积存，或被人、畜损坏。

 三 绿化

绿化不仅可以美化环境，而且能够隔离和净化环境。

1. 场区周围绿化

在场界周围种植乔木和灌木混合林带，如乔木的小叶杨、旱柳、榆树及常绿针叶树等，灌木的河柳、紫穗槐、刺榆等。为加强冬季防风效果，主风向应多排种植。行距幼林时 1 ~ 1.5 米，成林 2.5 ~ 3 米。要注意缺空补栽和按时修剪，以维持美观。

2. 场区隔离林

主要分隔场区内各区，如生产区、管理区和隔离区的四周都应设置隔离林带，一般可用杨树、榆树，两侧种植灌木，以起到隔离作用。

3. 路旁绿化

既要夏季遮阴，防止道路被雨水冲刷，也可起防护林的作用。也多以种植乔木为主。乔木与灌木搭配种植效果更佳。

4. 遮阴林

主要种植在运动场周围及房前屋后，但要注意不影响通风采

光，一般要求树木的发叶与落叶发生在 5～9 月（北方）或 4～10 月（南方）。

5. 美化林

场区多以种植花草灌木为主，驴场将种植牧草与花灌木结合进行。

第三节　驴舍的设计

建造驴舍的目的是防寒保暖（南方地区可降温防暑，北方地区可防冻以免受风寒侵害），同时，利于各类驴群的管理。专业性强的规模化驴场，驴舍建造应考虑不同生产类型的驴的特殊生理需求，以保证驴群有良好的生活环境。

一　驴舍的类型和特点

驴舍按墙壁的封闭程度不同可分为封闭式、半开放式和开放式；按屋顶的形状不同可分为钟楼式、半钟楼式、单坡式、双坡式和拱顶式；按驴床在舍内的排列不同分为单列式、双列式和多列式；按舍饲驴的对象不同分为成年驴舍、幼驴舍、后备驴舍、育肥驴舍和隔离观察舍等。

1. 开放式驴舍

开放式驴舍有棚舍式和装配式两种。

（1）棚舍式驴舍　有屋顶，但没有墙体。在棚舍的一侧或两侧设置运动场，用围栏围起来，结构简单，造价低。适用于温暖地区和冬季不太冷的地区的成年驴舍。

炎热季节为了避免驴受到强烈的太阳辐射，缓解热应激对驴体的不良影响，可以修建凉棚。凉棚的轴向以东西向为宜，避免阴凉部分移动过快；棚顶材料和结构有秸秆、树枝、石棉瓦、钢板瓦及草泥挂瓦等，根据使用情况和固定程度确定。如果长久使用可以选择草泥挂瓦、夹层钢板瓦、双层石棉瓦等，如果临时使用或使用时间很短，可以选择秸秆、树枝等搭建。秸秆和树枝等搭建的棚舍只要达到一定厚度，其隔热作用也较好，棚下凉爽；棚的高度一般为3～4 米，棚越高，棚下越凉爽。冬季可以使用彩条布、塑料布及草帘将北侧和东西侧封闭起来，避免寒风直吹驴体。

（2）装配式驴舍（彩图15） 以钢材为原料，工厂制作，现场装备。屋顶为镀锌板或太阳板，屋梁为角铁焊接；"U"字形食槽和水槽为不锈钢制作，可随驴的体高随意调节；隔栏和围栏为钢管。装配式驴舍室内设置与普通驴舍基本相同，其适用性、科学性主要体现在屋架、屋顶和墙体及可调节的饲喂设备上。装配式驴舍采用先进技术设计，实用、耐用和美观，且制作简单，省时，造价适中。

2. 半开放式驴舍（彩图16）

（1）一般半开放式驴舍 半开放驴舍有屋顶，三面有墙（墙上有窗户），向阳一面敞开或半敞开，墙体上安装有大的窗户，有部分顶棚，在敞开一侧设有围栏，水槽、料槽设在栏内，驴散放其中。适用于后备驴舍和成年驴舍。

（2）塑料暖棚驴舍（彩图17） 是近年北方寒冷地区推出的一种较保温的半开放驴舍，与一般半开放式驴舍比，保温效果较好。塑料暖棚驴舍三面全墙，向阳一面有半截墙，有 1/2 ~ 2/3 的顶棚。向阳的一面在温暖季节露天开放，寒冷季节在露天一面用竹片、钢筋等材料做支架，上覆单层或双层塑料，两层膜间留有间隙，使驴舍呈封闭的状态，借助太阳能和驴体自身散发热量，使驴舍温度升高，防止热量散失。适用于各种肉驴舍。

修筑塑料暖棚驴舍要注意以下几方面问题：

1）选择合适的朝向。塑料暖棚驴舍须坐北朝南，南偏东或西角度最多不要超过15°，舍南至少10米无高大建筑物及树木遮蔽。

2）选择合适的塑料薄膜。应选择对太阳光透过率高、对地面长波辐射透过率低的聚氯乙烯等材料的塑膜，其厚度以 80 ~ 100 微米为宜。

3）合理设置通风换气口。棚舍的进气口应设在南墙，其距地面高度以略高于驴体高为宜，排气口应设在棚舍顶部的背风面，上设防风帽，排气口的面积为20厘米×20厘米，进气口的面积是排气口面积的1/2，每隔3米远设置1个排气口。

4）有适宜的棚舍入射角。棚舍的入射角应大于或等于当地冬至时太阳高度角。

5）注意塑膜坡度的设置。塑膜与地面的夹角应在 55° ~ 65°。

3. 封闭式驴舍（彩图 18）

封闭式驴舍四面有墙和窗户，顶棚全部覆盖，分单列式和双列式。主要优点是保暖性比较好，适用于海拔较高、气温较低的地区。单列封闭式驴舍只有 1 排驴床，舍宽 6 米，高 2.6~2.8 米，舍顶可修成平顶也可修成脊形顶，这种驴舍跨度小，易建造，通风好，但散热面积相对较大，适用于小型驴场。双列封闭式驴舍舍内（长 27 米、宽 10.2 米或 9.4 米，单栋可饲养肉驴 50 头）设有 2 排驴床，中央为通道，适用于规模较大的驴场。双列封闭式驴舍有头对头、尾对尾两种形式。

（1）头对头式 中央为运料通道，两侧为食槽，可同时上草料，便于饲喂，驴采食时两列驴头相对，不会互相干扰。

（2）尾对尾式 中央通道较宽，用于清扫排泄物。两侧有喂料的走道和食槽，驴采食时成双列背向。

二 驴舍的结构和要求

驴舍是由基础、屋顶、顶棚、墙、地面、楼板、门窗和楼梯等（其中屋顶和外墙组成驴舍的外壳，将驴舍的空间与外部隔开，屋顶和外墙称为外围护结构）构成。驴舍的结构不仅影响到驴舍内环境的控制，而且影响到驴舍的牢固性和利用年限。

1. 基础

基础是驴舍地面以下承受畜舍的各种荷载并将其传给地基的构件，也是墙突入土层的部分。它的作用是将畜舍本身重量及舍内固定在地面和墙上的设备、屋顶积雪等全部荷载传给地基。基础决定了墙和畜舍的坚固性和稳定性。对基础的要求：一是坚固、耐久、抗震；二是防潮；三是具有一定的宽度和深度，如条形基础一般由垫层、大放脚（墙以下的加宽部分）和基础墙组成，砖基础的每层放脚宽度一般宽出墙 60 毫米。

2. 墙体

墙是基础以上露出地面的部分，其作用是将屋顶和自身的全部荷载传给基础的承重构件，也是将畜舍与外部空间隔开的外围护结构，是驴舍的主要结构。以砖墙为例，墙的重量占驴舍建筑物总重量的 40%~65%，造价占总造价的 30%~40%。同时，墙体也在驴舍结构中占有特殊的地位。据测定，冬季通过墙散失的热量占整个驴舍总失热量的35%～40%，舍内的湿度、通风、采光也要通过墙上的窗户来调节，因此，墙对驴舍小气候状况的保持起着重要作用。对墙体要求：一是坚固、耐久、抗震、防火、抗震；二是有良好的保温、隔热性能，这取决于所采用的建筑材料的特性与厚度，应尽可能选用隔热性能好的材料，保证有最好的隔热设计；三是防水、防潮，受潮不仅可使墙的导热加快，造成舍内潮湿，而且会影响墙体寿命，所以必须对墙采取严格的防潮、防水措施（可用防水耐久的材料抹面，保护墙面不受雨雪侵蚀，做好散水和排水沟，设防潮层和墙围，如墙裙高1.0～1.5米，生活办公用房踢脚高0.15米，勒脚高0.5米等）；四是结构简单，便于清扫消毒。

3. 屋顶

屋顶是驴舍顶部的承重构件和围护构件，主要作用是承重、保温隔热、防风沙和雨雪，由支承结构和屋面组成。支承结构承受着驴舍顶部包括自重在内的全部荷载，并将其传给墙或柱。屋面起围护作用，可以抵御降水和风沙的侵袭，以及隔绝太阳辐射等，以满足生产需要。对屋顶的要求：一是坚固防水，屋顶不仅承接本身重量，而且承接着风沙、雨雪的重量；二是保温、隔热，屋顶对于驴舍的冬季保温与夏季隔热都有重要意义，其保温与隔热的作用比墙重要，因为屋顶的面积大于墙体，舍内上部空气温度高，屋顶内外实际温差总是大于外墙内外温差，热量容易散失或进入舍内；三是不透气、光滑、耐久、耐火、结构轻便、简单和造价便宜，任何一种材料不可能兼有防水、保温、承重3种功能，所以正确选择屋顶、处理好三方面的关系，对于保证畜舍环境的控制极为重要；四是保持适宜的屋顶高度，肉驴舍的高度依驴舍类型、地区气温而异，一般为2.5～3.0米（按屋檐高度计），双坡式为2.8～3.0米，单坡式为2.5～2.8米，钟楼式稍高点，棚舍式略低些。北方驴舍应低，南方驴舍应高。如果为半钟楼式屋顶，后檐比前檐高0.5米。在寒冷地区，适当降低净高有利于保温。而在炎热地区，增加净高则是加强通风、缓和高温影响的有力措施。

第三章 驴场的建设

53

4. 地面

地面的结构和质量不仅影响驴舍内的小气候、卫生状况，还会影响驴体的清洁，甚至影响驴的健康及生产力。通常采用地面做驴床，供驴卧息、排泄粪尿。一般要求地面保温性好。地面处理采取夯实黏土或三合土，即石灰：碎石：黏土 = 1:2:4，也可用镀锌钢丝做驴床，但成本高。地面处理要求致密、坚实、平整、无裂缝、不硬滑，达到卧息舒服，防止四肢受伤或蹄病发生。不渗水，地面应有1.0%~1.5%的坡度，便于排污，利于清扫、消毒，能抗消毒液侵蚀。也有采用砖铺设的地面，效果较好；南方地区采用竹木漏缝地板做驴床。

5. 门窗

开设门以保证驴可自由出入，进行安全生产。驴舍的门通常在驴舍两端，即正对中央饲料通道设2个侧门，较长驴舍在纵墙背风向阳侧也设门，以便于人、驴出入，门应做成双推门，不设门槛；其宽、高分别以2~2.5米、2~2.2米为宜。窗的宽、高分别以1.0~1.5米、1~1.2米为宜，窗台距地面高1.2米。

三 驴舍的内部设计

1. 驴舍面积

根据驴的生产方向和生长发育阶段不同，驴舍面积也有差别，设计的驴舍面积要适宜。驴舍面积过小，舍内拥挤，空气易污染，不利于驴的健康和生产；过大，浪费材料，成本增高。

2. 驴床

驴床是驴吃料和休息的地方，驴床的长度依驴体大小而异。一般的驴床设计是使驴前躯靠近料槽后壁，后肢接近驴床边缘，粪便能直接落入粪沟内即可。成年母驴床长1.8~2米，宽1.1~1.3米；成年种公驴床长2~2.2米，宽1.3~1.5米；育肥驴床长1.9~2.1米，宽1.2~1.3米；6月龄以上的育成驴床长1.7~1.8米，宽1~1.2米。驴床应保持平缓的坡度，一般以1.5%为宜，槽前端位置高，以利于冲刷和保持干燥。饲槽设在驴床前面，以固定式水泥槽最适宜，其上宽0.6~0.8米，底宽0.35米，呈弧形，槽内缘高0.35米（靠驴床一侧），外缘高0.5~0.6米（靠走道一侧）。为提高生产效率，可建高通道、低槽位的通槽，即槽外缘和通道在一个水平上（彩图14）。

3. 通道和粪沟

对头式饲养的双列驴舍，中间通道宽1.4~1.8米，道的宽度以送料车能通过为原则。清粪通道也是驴进出的通道，多修成水泥路面，路面应有一定坡度，并刻上线条防滑。清粪道宽1.5~2米。驴栏两端也留有清粪通道，宽为1.5~2米。驴床后端设有排粪沟，沟宽35~40厘米、深10~15厘米，沟底呈一定坡度，以便污水排出。

四 驴舍的建筑设计

专业化肉驴场一般只饲养育肥驴，驴舍种类简单；自繁自养的肉驴场驴舍种类复杂，需要有幼驴舍、育肥驴舍、繁殖驴舍和分娩驴舍。

1. 幼驴舍

幼驴舍必须考虑屋顶的隔热性能和舍内的温度及昼夜温差，所以墙壁、屋顶、地面均应重视，并注意门窗安排，避免穿堂风。初生幼驴（0~7日龄）对温度的适应能力较差，所以南方气温高的地方注意防暑。在北方重点做好防寒工作，冬天初生幼驴舍可铺设厚垫草。幼驴舍不宜用煤炉取暖，可用火墙、暖气等，初生幼驴冬季室温在10℃左右，2日龄以上则因需放出室外运动，所以要注意室内外温差不超过8℃。

幼驴舍可分为两部分，即初生幼驴栏和幼驴栏。初生幼驴栏，长1.8~2.8米、宽1.3~1.5米，过道侧设长0.6米、宽0.4米的饲槽，门高0.7米。幼驴栏之间用高1米的挡板相隔，饲槽端为栅栏（高1米，带颈枷），地面高出10厘米，向门方向做1.5%坡度，以便清扫。幼驴栏长1.5~2.5米（靠墙为粪尿沟，也可不设），过道端设统槽，统槽与驴床间以带颈枷的木栅栏相隔，高1米，每头幼驴占用面积3~4米^2。

2. 育肥驴舍

育肥驴舍可以采用封闭式、开放式或棚舍。具有一定的保温、隔热性能，特别是夏季应防热。育肥驴舍的跨度应满足清粪通道、饲槽宽度、驴床长度、驴床列数、粪尿沟宽度和饲喂通道等条件。一

第三章 驴场的建设

55

般每栋驴舍容纳肉驴 50~120 头, 以双列对头为好。驴床长加粪尿沟需 2~2.2 米, 驴床宽 0.8~1 米, 中央饲料通道宽 1.5~1.6 米, 饲槽宽 0.4 米。育肥驴舍的平面图和剖面图分别见图 3-3 和图 3-4。

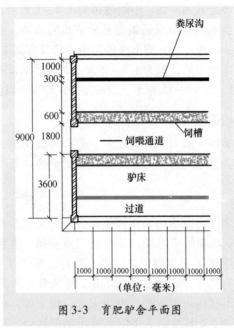

图 3-3　育肥驴舍平面图

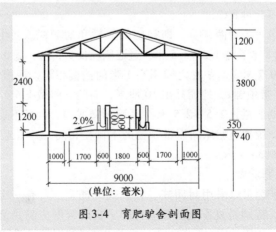

图 3-4　育肥驴舍剖面图

3. 繁殖驴舍

繁殖驴舍的规格和尺寸同育肥驴舍。

4. 分娩驴舍

分娩驴舍多采用密闭舍或有窗舍，有利于保持适宜的温度。饲喂通道宽 1.6~2 米，驴走道（或清粪通道）宽 1.1~1.6 米，驴床长 1.8~2.2 米、宽 1.2~1.5 米。可以是单列式，也可以是多列式。其平面图和剖面图分别见图 3-5 和图 3-6。

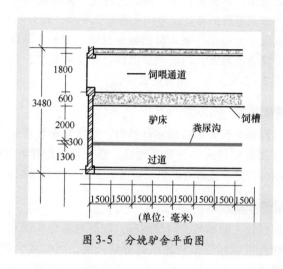

图 3-5 分娩驴舍平面图

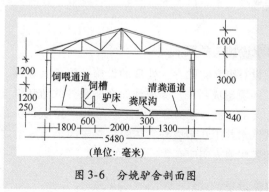

图 3-6 分娩驴舍剖面图

第四节　驴场的设施与设备

一　消毒室和消毒池

在饲养区大门口和人员进入饲养区的通道口，分别修建供车辆和人员进行消毒的消毒池和消毒室。车辆用消毒池的宽度以略大于车轮间距即可，参考尺寸为长3.8米、宽3米、深0.1米，池底低于路面，坚固耐用，不渗水。供人用的消毒池，采用踏脚垫浸湿药液放入池内的方式进行消毒，参考尺寸为长2.8米、宽1.4米、深0.1米。消毒室大小可根据外来人员的数量设置，一般为串联的2个小间，其中一间为消毒室，内设小型消毒池和紫外线灯，紫外线灯每平方米功率2～3瓦，另一间为更衣室。

二　青贮设施

青贮饲料是驴很好的青绿多汁饲料。规模化驴场在设计和建造时均应考虑到青贮设施的位置和建立。青贮设施应建在驴舍附近，以便于取用。青贮设施有青贮塔、青贮窖、青贮壕和青贮袋。

三　地磅和装卸台

对于规模较大的驴场，应设地磅，以便对各种车辆和牛等进行称重；装卸台可减轻装车与卸车的劳动强度，同时减少驴的损失。装卸台可建成宽3米、长8米的驱赶驴的坡道，坡的最高处与车厢平齐。

四　排水设施与粪尿池

驴场应设有废弃物贮存、处理的设施，防止其泄漏、溢流、恶臭等对周围环境造成污染。粪尿池设在驴舍外的地势低洼处，且应在运动场相反的一侧，池的容积以能贮存20～30天的粪尿为宜，粪尿池必须离饮水井100米以外。在驴舍粪尿沟至粪尿池之间设地下排水管，向粪尿池方向应有2%～3%的坡度。

五　清粪设备

驴舍的清粪形式有机械清粪、水冲清粪和人工清粪，我国驴场多采用人工清粪。机械清粪中采用的主要设备有连杆刮板式（适于单列驴床）、环行链刮板式（适于双列驴床）和双翼形推粪板式（适于舍饲散栏饲养驴舍）。

六 保定设备

保定设备包括保定架（参见彩图19，保定架是驴场不可缺少的设备，在打针、灌药、编耳号及治疗时使用。通常用圆钢材制成，架的主体高度为160厘米，前颈枷支柱高200厘米，立柱部分埋入地下约4米，架长150厘米、宽65～70厘米）、鼻环（鼻环有两种类型：一种用不锈钢材料制成，质量好又耐用，但价格较高；另一种用铁或铜材料制成，质地较粗糙，材料直径4毫米左右，价格较低。农村用铁丝自制的圈，易生锈，不结实，且易将驴鼻拉破引起感染）、缰绳（缰绳与笼头为拴系饲养方式所必需，采用围栏散养方式可不用缰绳与笼头。缰绳材料有麻绳、尼龙绳，每根长1.6米左右，直径0.9～1.5厘米）等。

七 牧草收获和饲料加工机械

1. 牧草收获机械

牧草收获机械有传统式收获机、小方捆收获机和大圆草捆收获机。

2. 铡草机

铡草机也叫切碎机，有滚筒式铡草机、圆盆式（又称轮刀式）铡草机，主要用于牧草和秸秆类青饲料、干饲料的切短。

3. 饲料粉碎机

饲料粉碎机用于粉碎各种精、粗饲料，使之达到一定的粗细度。目前，我国生产的机型主要有锤片式、劲锤式、爪式和对辊式4种。

4. 饲料混合机

饲料混合机又称饲料搅拌机。常用的有立式和卧成两种，按工作连续性又可分为间歇式和连续式两种，目前，我国各地生产的饲料搅拌机多为卧式双绞龙间歇式饲料搅拌机和卧式双轴桨叶式饲料搅拌机，适合大、中型养殖场使用。

5. 揉丝机

揉丝机（彩图20）的工作原理是将秸秆送入料槽，通过锤片和

第三章 驴场的建设

空气流的作用，使秸秆进入揉搓室，通过锤片、定刀、斜齿板及抛送叶片的综合作用，把物料切短并揉搓成丝状，经送料口送出机外。揉搓是介于铡切与粉碎两种加工方法之间的一种新方法。

八 沼气池

建造沼气池，把驴粪、驴尿、剩草、废草等投入沼气池封闭发酵，产生的沼气供生活或生产用燃料，经过发酵的残渣和废水，是良好的肥料。目前，普遍推广水压式沼气池，这种沼气池具有受力合理、结构简单、施工方便、适应性强、就地取材和成本较低等优点。

第四章
驴的选种、选配与繁殖

第一节　驴的选种

依据遗传学原理，亲代的品质可以直接影响其后代，以父母双亲的影响最大。选择优良驴时，尤其准备作为种用时，不仅要检查、测量个体，还要根据个体的系谱记录，分析个体的来源及其祖先的品质，从而判断其优劣。凡祖先和双亲的外貌、生长发育、工作性能、繁殖性能良好的，该个体一般也较好。

一　等级评定方法

等级评定方法就是按照综合鉴定的原则，对合乎种驴要求的个体，按血统来源、体质外貌、体尺类型、生产性能和后裔品质5项指标来进行选种。依据标准鉴定等级（分特等、一等、二等、三等）全面准确反映个体质量，按等级选优去劣后进行选种、选配，加速育种进程。

1. 血统鉴定

血统鉴定又称系谱鉴定，是根据个体系谱记录，分析个体来源及其祖先的品质，从而判断其优劣的方法。

对被鉴定的每头驴，首先要看它是否具有本品种的特征，然后再看其血统来源。如关中驴，要求体格高大，头颈高扬；体格结实干燥，结构匀称，略呈长方形；全身被毛短而细致，有光泽，以黑色为主兼有栗色，嘴头、眼圈、腹下应为白色。不符合品种特征者，不予鉴定。

驴的亲代品质可以影响到后代，在亲代中尤其以父母的品质影响最大。按血统来源选种时，要选留在其祖先中优秀个体较多、其

本身对亲代特点和品种类型表现较明显的个体。在查明其父母代等级的情况下，按表4-1鉴定血统等级。

表4-1　驴血统鉴定表

母代 父代	特　　等	一　　等	二　　等	三　　等
特等	特等	一等	一等	二等
一等	特等	一等	二等	二等
二等	一等	一等	二等	三等
三等	二等	二等	二等	三等
等外	三等	三等	等外	等外

2. 外貌鉴定

根据驴的外貌和结构可以鉴定个体的种用价值、役用和肉用价值。驴的外貌鉴定除对其整体结构、体质和品种特征进行鉴定外，还要对头颈、躯干和四肢三大部分的每个部位进行鉴定。在实际工作中，对每一驴种都制定了评分标准，现以泌阳驴（表4-2、表4-3）和关中驴为例来介绍。

表4-2　泌阳驴外貌评分表

项　　目	满 分 标 准	公驴满分	母驴满分
品种特征	被毛黑色，白嘴头，白眼圈，白肚皮，黑白眼界明显，公母体型俊秀	25 分	25 分
整体特征	体躯长宽而深，结构紧凑匀称，体格结实，从侧面看近似正方形	20 分	20 分
头	大小适中，面平直，鼻大口齐，耳薄多竖立，内有一簇长白毛	3 分	3 分
颈	公驴颈厚直，高昂；母驴颈平直	2 分	2 分
肩	肩长略斜	3 分	2 分
胸	胸深而宽	10 分	8 分
背腰	背腰平直，肌肉发达，双脊背	7 分	7 分
肋骨	肋骨弓圆，开张良好	4 分	4 分

（续）

项　目	满分标准	公驴满分	母驴满分
腹部	公驴腹为圆桶状，母驴腹大而不垂	5分	7分
尻部	宽长，不过于斜，肌肉丰满	4分	4分
腿部	干燥，肌腱明显	2分	2分
生殖器官	公驴睾丸发育正常，母驴乳房发育良好，乳头整齐	4分	6分
肢势	肢势良好	5分	5分
蹄势	蹄乌黑，纹细	3分	3分
步态	行动敏捷，步大有力	3分	2分
合计		100分	100分

表4-3　泌阳驴外貌等级表

等　级	公　驴	母　驴
特等	95分以上	90分以上
一等	85分	80分
二等	80分	75分
三等	75分	70分

　　青毛、灰毛和乌头黑的关中驴不能做种用。若全身被毛粉黑，但颌凹处有白色毛显露，腹部白毛外展，四肢上部外侧显白毛者，公驴不能评为特级，即8分或8分以上。

　　外貌上凡具有严重狭胸、靠膝（X状）、交突、跛行、凹背、凹腰、凸背、凸腰、卧系和切齿咬合不齐等缺点者，公驴只能评7分以下（不含7分）。关中驴外貌评分和等级见表4-4和表4-5。

表4-4　关中驴外貌评分表

项　目	满分标准	公驴满分	母驴满分
头和颈	头大小适中，形好。公驴呈雄性，母驴清秀。眼大、明亮，鼻孔大、口方、齿齐，耳竖立，颌凹宽，颈较长而宽厚，颈肌、韧带发达。头颈高扬，颈肩结合良好	1.8分	1.8分

第四章　驴的选种、选配与繁殖

63

（续）

项　目	满 分 标 准	公驴满分	母驴满分
前躯	肩较长斜，肌肉良好。鬐甲宽厚，长度适中。胸宽而深	1.7分	1.5分
中躯	背腰长短适中，宽而平直。肌肉强大，结合良好。胆小，肋开张而圆。公驴腹部充实，呈筒状，母驴腹部大而不下垂	1.5分	1.5分
后躯	尻宽长，不过于斜，肌肉发达。公驴睾丸发育良好、对称，附睾明显，阴囊皮薄；毛细、有弹性。母驴乳房发育良好，乳头正常均匀	1.5分	1.7分
四肢及步态	四肢端正，肢势正确，肌腱明显，关节强大。系长短、角度适中。蹄圆且大，形正，质坚实。运步轻快，稳健有力	2分	2分
体质及整体结构	体格结实干燥，姿势优美，结构匀称、紧凑。肌肉发育良好，肌腱、韧带强实。公驴有悍威，鸣声洪亮而长。母驴性温顺，母性好	1.5分	1.5分
合计	—	10分	10分

表4-5　关中驴外貌等级表

等　　级	公　驴	母　驴
特等	8分	7分
一等	7分	6分
二等	6分	5分
三等	5分	4分

3. 体尺鉴定

主要是根据体高、体长、胸围、管围这4项体尺数，对照各驴种体尺评分标准，按最低一项评定等级。仅管围一项与标准相差0.5厘米以下者，可不予降级。

4. 驴的性能评定

驴的性能一般是指生产性能和繁殖性能。驴的肉用性能，主要是根据与屠宰率密切相关的膘度来评定。膘度根据各部位肌肉发育程度和骨骼显露情况分为上、中、下、瘦4个等级，公驴分别给予8分、6分、5分、3分的分数，而母驴则分别给予7分、5分、3分、2分的分数。对于繁殖母驴，主要根据其产驹数及幼驴初生重评定；种公驴则依据其精液品质评定。

5. 后裔评定

后裔鉴定又称后裔测定，是根据后代品质、特征来鉴定种公驴的种用价值，也就是鉴定种公驴的遗传性好坏。后裔鉴定要求在饲养管理条件相同、相配母驴属于同一品种的条件下，根据其所产后代的质量或等级判定该项鉴定等级。种公驴的后裔鉴定应尽早进行，一般在2~3岁时，给其选配一定数量（10~12头）等级接近、饲养管理条件相同的母驴，待所产后代断奶时，按表4-6的标准进行评定。

表4-6 后裔评定表

等 级	评定标准
特等	后代75%在二级以上（含二级），不出现等外者
一等	后代50%在二级以上（含二级），不出现等外者
二等	后代全部在三级以上（含三级）
三等	后代大部分在三级以上（含三级），个别等外者

二 驴的综合鉴定

驴的综合鉴定是在以上各单项鉴定的基础上进行的全面评定。

1. 驴综合鉴定进行的时间和项目

1）1.5岁。鉴定血统与品种特征、体质外貌和体尺类型。

2）3岁。鉴定血统与品种特征、体质外貌、体尺类型和生产性能。

3）5岁以上。除上述4项外，再加后裔评定，共5项。

2. 驴个体综合鉴定的评定标准

驴在1.5岁时的初评，要以血统与品种特征、体质外貌和体尺类型三项为主，以单项鉴定的等级参照表4-5标准进行评定。3岁后驴的评定，当其他两项即生产性能和后裔评定均低于初评时的一个

第四章 驴的选种、选配与繁殖

等级时，维持初评的等级不变；若有一项（或两项）低于初评两个等级时，则应将初评降一级。

3. 良种驴的评比展览

举办良种驴的展评活动，对普及养驴新技术，推广先进经验，推动驴的育种，促进选种、选配和优良种驴的培育，都有很大的促进作用。

第二节 驴的选配

选配是为了提高有利的生产性状，消除或减弱不利性状，使品种繁育向更好的方向发展。

一 驴的品质选配

驴的品质选配是根据公母驴本身的性状和品质进行选配，可分为同质选配和异质选配。同质选配就是选择优点相同的公母驴交配，目的在于巩固和发展双亲的优良品质。异质选配则有两种情况：一是选择具有不同优良性状的公母驴交配，企图将两个性状组合在一起；二是选同一性状优劣程度不同的公母驴交配，以期改进不良性状。驴的等级选配也属于品质选配。公驴的等级一定要高于母驴的等级。

二 驴的亲缘选配

驴的亲缘选配是指考虑到双方亲缘关系的远近进行选配。如果父母到共同祖先的代数之和小于 6，称之为近交。相应的父母到共同祖先代数之和大于 14，则称为远交。近交往往在固定优良性状、揭露有害基因、保持优良血统和提高全群同质性方面起着很大作用，但为了防止近交造成的繁殖力、生活力下降等危害，需要在利用近交选配手段时，注意严格淘汰，加强饲养管理和血液更新。一旦由于近交时发生了问题，需要很长时间才能得到纠正，因此对驴施行近交时要慎之又慎。

三 驴的综合选配

驴的综合选配应根据多项指标来进行，这与综合选种是一致的。

1. 按血统采源选配

要根据系谱，查明亲属利用结果，了解不同血统来源的驴的特点和它们的亲和力，然后进行选配。亲缘选配，除建立品系时应用外一般都不采用，当发现有不良后果时，应立即停止。

2. 按体质外貌选配

对理想的体质外貌，可采用同质选配。对不同部位的理想结构，要用异质选配，使其不同优点结合起来。对选配双方的不同缺点，要用对方相应的优点来改进；有相同缺点的驴，决不可选配。

3. 按体尺类型选配

对体尺类型符合要求的母驴采用同质选配，巩固和完善其理想类型。对未达到品种要求的母驴，可采用异质选配，如体型小，就选配体型较大的公驴。

4. 按生产性能选配

驮力大的公母驴同质选配，可得到驮力更大的后代。屠宰率高的公母驴同质选配，后代屠宰率会更高。公驴比母驴的屠宰率高，异质选配后代的屠宰率也会比母驴高。

5. 按后裔品质选配

对已获得良好幼驴的选配，其父母配对应继续保持不变。对公母驴选配不合适的，可另行选配，但要分析其具体原因。

不论采用何种选配，都要注意选配的年龄，一般是壮龄配壮龄，壮龄配青年，壮龄配老龄。青、老年公母驴之间都不应互相交配。

第三节　驴的育种方法

驴的育种方法有本品种选育和杂交，本品种选育是我国地方驴种的基本繁育形式。只是在一些饲料条件良好的农区，会用大、中型驴进行杂交，以期提高当地驴的品质。但也有不少杂交，仅仅只具有本品种选育冲血的性质。

一　驴的本品种选育

本品种选育就是驴种内通过选种选配、品系繁育、改善培育条件，借以提高优良性状的基因频率，从而改进品种质量的方法。为

防止驴种的退化，要根据具体情况，采用不同的选育方法。

1. 血液更新

对多年一直选留本场或本群做种用繁殖的驴群，就应考虑采用此种方法，即用无亲缘、同品种优秀公驴做配种繁殖用。这是改进驴群质量，防止亲缘交配退化所必需的。血液更新的同时，要加强驴的饲养管理和锻炼，才能收到良好的效果。

2. 冲血

冲血，即引入杂交，其目的是纠正驴种的某些个别严重缺点，或摆脱亲缘交配而不改变原驴种的类型和特征。需注意冲血的公驴品种、类型上和被冲血驴种要基本相似，而且具备改进被冲血驴种的某一性状品质。

冲血常在小型驴、中型驴分布的地区采用，往往是引入中型驴或大型驴进行低代（1～2代）杂交，提高其品质，而不改变小型驴、中型驴耐劳苦和适应性强的特性。

3. 品系繁育

品系繁育可将有益性状得到巩固和发展，使驴种质量得到不断改进，免受近交危害，是保持下一代有较强生活力的一种重要方法。品系繁育是选择遗传稳定、优点突出的公驴作为系祖，选择具备品系特点的母驴采用同质选配的繁育方法进行的。建系初期进行闭锁繁育，亲缘选配以中亲为好，要严格淘汰不符合品系特点的驴，经2～4代即可建立品系。建系时要注意多选留一些不同来源的公驴，以免后代被迫近交。品系建立后，长期的同质繁育，会使驴的适应性、生活力减弱，这可通过品系间杂配得以改善。

品族是指以一些优秀母驴的后代形成的家族。品族繁育是在群中有优秀母驴而缺少优秀公驴，或公驴少、血统窄，不宜建立品系时才采用。

二 驴的杂交

驴的杂交多对分布在大、中型驴产区的小型驴实施，即用大、中型公驴配小型母驴。这些地区农副产品丰富，饲养条件相对优越，当地群众有对驴选种、选配的经验。通代累代杂交，品质提高很快。杂交，对肉驴也是一个重要的繁育方法。

第四节 驴的繁殖

配种繁殖是各种家畜的本能，也是增加数量、提高质量和改良品种的重要手段。要做到繁殖、使役两不误，就必须了解驴的繁殖生理特点，掌握驴的发情和妊娠鉴定知识，以及提高驴的繁殖力的措施。

一 驴的生殖系统

1. 公驴的生殖器官

公驴的生殖器官主要包括睾丸、附睾、输精管、尿生殖道、阴茎、副性腺、阴囊和包皮（图4-1）。

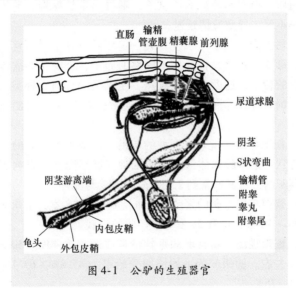

图4-1　公驴的生殖器官

2. 母驴的生殖器官

母驴的生殖器官包括3个部分：性腺、生殖道和外生殖器官。性腺，即卵巢；生殖道，包括输卵管、子宫、阴道，这两部分也称内生殖器官。外生殖器官，包括尿生殖前庭、阴唇和阴蒂。除外生殖器官，其他生殖器官位于骨盆腔和腹腔内。上面为直肠和小结肠，下面是膀胱。在发情鉴定和妊娠诊断中，可隔着母驴直肠触摸卵巢、

子宫等生殖器官。

二 驴的生殖生理

（1）初情期　母驴第一次发情，有发育成熟的生殖细胞，公驴第一次射出精子的这一时期称为初情期，初情期一般在12月龄左右。这时驴出现性行为，但表现还不充分，生殖器官的生长发育尚未完成。虽已具有繁殖机能，但在初情期中繁殖效率都很低，这就是人们常说的"青春不育期"。

初情期开始的时间除因品种不同的遗传差异外，还受饲养管理、健康状况、气候条件、发情季节及出生季节等影响。温暖地区、饲养管理优良且健康状况良好的驴，初情期较早；反之，严重饲养不良或蛋白质、维生素及矿物质缺乏，则可因生长缓慢、垂体促性腺激素分泌不足，导致发情延迟。

（2）性成熟　幼驴生长发育到一定年龄，在生殖器官发育基本完全时，母驴能正常发情并排出成熟的卵子，公驴有性欲体现并能排出成熟的精子，这就达到性成熟。性成熟的时间受种类、外界自然条件和饲养管理等许多因素影响。通常驴在12～15月龄时达到性成熟。

（3）初配年龄　指初次配种的年龄。性成熟后，驴的身体持续发育，待到一定年龄和体重时方能配种，过早配种会影响驴体的发育。德州驴的公母驴通常到2.5岁时才能参与配种。

（4）繁殖年限　驴的繁殖力可维持到16～18岁，德州驴母驴终生产驹12～16头，也有24岁母驴产驹的记载。

（5）繁殖性能　通常驴的平均情期受胎率为40%～50%，繁殖率为60%左右。德州驴的平均情期受胎率为45.8%～69.1%，繁殖率为65%～75%。

（6）发情季节　驴为季节性多次发情。一般在每年的3～6月进入发情旺期，7～8月酷热时减弱，发情期延长至深秋才进入休情期。母驴发情较集中的季节，称为发情季节，也是发情配种最集中的时期。在气候适宜和饲养管理条件好的条件下，母驴也可长年发情。但多在秋季产驹，幼驴初生重小、成活率低，断奶重和生长发育均差。

（7）**发情周期** 指从一次发情开始至下一次发情开始，或由一次排卵至下一次排卵的间隔时间。发情周期是母驴的一种正常繁殖现象。驴的发情周期平均为 21 天，其变化范围为 10~33 天。一般发情周期在 18~21 天的驴占 70%。在发情周期中，据其机体发生的一系列生理变化，一般将发情周期分为发情前期、发情期、发情后期和休情期。

① 发情前期：这是卵泡准备发育的时期。卵巢中的上一个发情周期所产生的黄体已退化或逐渐萎缩，新的卵泡开始生长；雌激素分泌增加，血液中孕激素水平逐渐降低；生殖道上皮增生和腺体活动增强，黏膜下基层组织开始充血，但无明显的发情症状。

② 发情期：母驴性欲达到高潮时期，愿意接受交配，卵巢上的卵泡迅速发育，雌激素分泌逐渐升至最高水平，强烈刺激生殖道，使阴门及阴道黏膜充血肿胀明显，子宫黏膜显著增生，子宫颈充血，颈口开张，子宫肌层收缩加强、腺体分泌增多，有大量透明稀薄黏液排出。此期母驴的外部表现明显，如吧嗒嘴、流唾液、抿耳、弯腰、闪阴、排尿和食欲减弱等。

③ 发情后期：是排卵后黄体开始形成的时期。卵巢上的卵泡破裂、排卵并开始形成新的黄体，孕激素分泌逐渐增加。母驴由兴奋状态逐渐转入抑制状态；子宫颈口逐渐收缩、关闭；子宫肌层收缩和腺体分泌活动均减弱，黏液分泌少而黏稠，黏膜充血现象逐渐消退；外阴肿胀度逐渐减轻并消失；子宫内膜逐渐增厚，子宫腺体逐渐发育。

④ 休情期：又称间情期，是黄体活动的时期，母驴的性欲已完全停止，精神完全恢复正常，发情症状完全消失。前期，卵巢上的黄体逐渐生长、发育至最大，孕激素分泌逐渐增加至最高水平，子宫体内膜增厚，表层上皮呈高柱状，子宫腺体高度发育、大而弯曲，且分支多，分泌活动旺盛；后期，增厚的子宫内膜回缩，呈矮柱状，腺体变小，分泌活动停止。在休情期，子宫颈的上皮细胞呈矮柱状，分泌黏液量少、黏稠；黄体已发育完全，故此期也称为黄体活动时期。

（8）**产后发情** 母驴分娩后短时间内出现的第一次发情，称为产后发情。母驴与母马相似，一般产后数天即可发情配种，而且容

易受胎。群众把产后半月左右的第一次配种叫"配血驹"和"配热驹"。母驴产后发情不表现吧嗒嘴、抿耳等发情症状，但经直肠检查，则可以发现有卵泡发育。母驴产后5~7天，卵巢上应有发育的卵泡出现，随后继续发育，直到排卵，在这一段时间，无外部发情症状。关中驴的产后首次排卵时间，多集中在产后12~14天。

(9) 发情持续期 指发情开始到排卵为止间隔的天数。驴的发情持续期为3~14天，一般为5~8天。据对关中驴172个发情持续期的资料统计，平均为6.1天，80%的母驴多集中在4~7天。

发情持续期的长短随着驴的年龄、营养状况、季节、气温和使役情况的不同而变化。一般年龄小、膘情过肥、使役较重的母驴发情持续期较长，反之则较短。在气温较低的北方，母驴于每年的2~3月开始发情，即所谓的"冷驴""热马"。但早春发情持续时间较长，卵泡发育缓慢，常出现多卵泡发育和两侧卵巢上卵泡交替发育的现象，发情持续时间长者可达20天或更长，一般从4月开始转为正常。

(10) 休情 母驴无发情活动的现象，称为休情。这一时期，称为休情期。若已受胎，母驴不再发情，称为妊娠性休情。除此之外，还有衰老性休情，营养不良引起的休情，生殖疾病引起的休情等。

(11) 妊娠及妊娠期 妊娠又称"怀孕"，它是母驴发情接受配种后，精子和卵子结合完成受精。从妊娠起到分娩止，幼驴在子宫内发育的这段时间，称为妊娠期。驴是单胎妊娠，个别情况下也有双胎。驴的妊娠期一般为365天。但随年龄、幼驴性别和膘情好坏，妊娠期长短也有差别，一般前后相差10天左右，不超过1个月。

(12) 妊娠期间的生理变化

1）生殖器官的变化。

①卵巢：驴妊娠后的卵巢变化有特殊性，在妊娠40天至妊娠5个月内，由于孕马血清促性腺激素的作用，仍有卵泡继续发育，并形成许多大小不等的黄体，而且这些黄体化的卵泡，也有先经排卵然后才形成的。早期形成的妊娠黄体并不是长期存在的，排卵后形成的主黄体在妊娠60天以前即行缩小。由于孕马血清促性腺激素的刺激，卵巢上又有新的卵泡形成，其中还有能排卵的，也有的不经

排卵而直接黄体化形成副黄体。到妊娠 5 个月时，黄体萎缩消退，胎盘开始产生黄体酮，它替代黄体的作用。到妊娠 6 个月后，黄体变得柔软而退化，有卵泡生长的现象。所以，妊娠母驴在妊娠 6 个月以后，若遇到饲养管理不当，就有流产的危险。到妊娠 7 个月时仅剩下黄体的遗迹。在妊娠最后两周，卵巢又开始活动，所以分娩后会很快发情。

此外，母驴妊娠后，卵巢的位置随子宫重量及体积的增大而向腹腔前下方移动，子宫阔韧带由于负重而紧张拉长。妊娠 3 个月后，卵巢的位置不仅向腹腔前下方移动，而且两侧卵巢都逐渐向正中矢状面靠拢。

② 子宫动脉：幼驴在生长发育过程中所需的营养是通过血液循环来实现的，随着妊娠期的增长，在幼驴发育所需的营养增多时，母驴妊娠后的血液供给量也相应地增加，因此，子宫动脉血管也会扩张，尤其子宫动脉（子宫中动脉）和阴道动脉子宫支（子宫后动脉）更为明显。妊娠末期的子宫中动脉可变粗至食指或拇指粗细。随着血管的变粗，动脉内膜的皱襞也变厚，而且和肌层的联系疏松，所以血液流动时所造成的脉搏就由原来清楚地跳动，变为间隔不明显地颤动，称为妊娠脉搏。孕角一侧出现妊娠脉搏要比空角早，分娩后这种妊娠脉搏逐渐消失。它是妊娠中后期妊娠诊断的重要依据。

③ 子宫颈：妊娠后，子宫颈收缩很紧，而且变粗。子宫颈栓较少，子宫颈封闭较松，手指可以伸入。在子宫颈栓受到破坏后，可在 3 天左右发生流产。

④ 黏膜：妊娠后，子宫黏膜上皮增生，黏膜增厚，并形成大量皱襞，使面积增大，子宫腺扩张、伸长，细胞中的糖原增多且分泌量增加，有利于囊胚的附植，并供给胚胎所需要的营养物质。以后，几乎整个子宫黏膜均形成母体胎盘，在妊娠的前 5 个月内，子宫黏膜上形成子宫内膜杯，能够产生孕马血清促性腺激素，对维持妊娠起重要的平衡作用。

2）母体的全身变化。妊娠后，随着幼驴的生长，母驴的新陈代谢旺盛，食欲增加，消化能力提高，营养状况改善，体重增加，被毛光润。妊娠后期，幼驴迅速生长发育，妊娠母驴食欲依然保持旺

盛或更好，此期若饲养管理跟不上，母体常不能获得足够的营养物质来满足幼驴的需要，会导致消耗妊娠前半期体内贮存的营养物质，使母驴在分娩前出现消瘦。在妊娠后半期，由于幼驴骨骼发育的需要，母体内钙、磷含量降低，若不能从饲料中得到补充，常可见到母驴后肢跛行、牙齿磨损快。因此，可据牙齿来鉴定同龄公、母驴年龄。母驴牙齿所显示的年龄往往大于公驴。

三 驴的发情鉴定和同期发情

1. 发情鉴定

发情鉴定的方法有外部观察、阴道检查及直肠检查。通常是在外部观察的基础上，以直肠检查为主进行鉴定。

(1) 外部观察 母驴的发情特征表现为：两后腿叉开，阴门肿胀，头颈前伸，两耳后抿，连续地吧嗒嘴，并流涎。当见到公驴或用公驴试情时，母驴愿主动接近公驴，张嘴不合，口涎流出，并将臀部转向公驴，静立不动，塌腰叉腿，频频排尿，阴核闪动，从阴门不断流出黏稠液体，俗称"吊线"，愿意接受交配。上述征候在母驴发情初期和发情末期表现较弱。外部观察发情，有的初配和带驹母驴（恋驹）表现不够明显，用此方法鉴定发情只能作为辅助的方法。

(2) 阴道检查 阴道检查应在保定架中进行。检查前先将母驴外阴洗净、消毒（1%~2%来苏儿溶液或0.1%新洁尔灭溶液）、擦干。所用开膣器要用消毒液浸泡、消毒。检查人员手臂若需伸入母驴阴道检查，也应消毒，术前涂上消毒过的液状石蜡。阴道检查主要是观察黏膜的颜色、光泽、黏液和子宫颈口开张程度，以判断配种的适宜时期。

1）发情初期。发情初期阴道黏膜呈粉红色，稍有光泽，黏液为灰白色且黏稠，子宫颈口略开张，有时仍弯曲。

2）发情中期。阴道检查极易。阴道黏液变稀，阴道黏膜充血、有光泽。子宫颈变软，颈口开张，可容1指。

3）发情高潮期。阴道检查极易。阴道黏液稀润光滑，阴道黏膜充血、有光泽。子宫颈口开张，可容2~3指。此期为配种或输精期。

4）发情后期。阴道黏液量减少，黏膜呈粉红色，光泽较差。子宫颈开始收缩变硬，子宫颈口可容1指。

5）静止期。阴道被黏稠浆状分泌物黏结，阴道检查困难。阴道黏膜灰白色、无光泽。子宫颈细硬呈弯钩状，子宫颈口紧闭。

（3）直肠检查 即用手臂通过直肠，触摸两卵巢上的卵泡发育情况，来选择最适宜的配种期。

1）卵泡发育阶段。卵泡发育各阶段的变化见表4-7。

表4-7 卵泡发育各阶段的变化

阶 段	变 化
卵泡发育初期	两侧卵巢中有一侧卵巢出现卵泡，初期体积小，触之形如硬球，凸出于卵巢表面，弹性强，无波动，排卵窝深。此期一般持续1~3天
卵泡发育期	卵泡发育增大，呈球形。卵泡液继续增多，卵泡柔软而有弹性，以手触摸有微波动感。排卵窝由深变浅。此期一般持续1~3天
卵泡生长期	卵泡继续增大，触摸柔软，弹性增强，波动明显。卵泡壁较前期变薄，排卵窝较平。此期一般持续1~2天
卵泡成熟期	此时卵泡体积发育到最大限度。卵泡壁薄而紧张，有明显波动感，弹性减弱，排卵窝浅。此期一般持续1~1.5天，母驴的配种或输精宜在这一时期进行
排卵期	卵泡壁紧张，弹性减弱，泡壁很薄，有一触即破的感觉。触摸时，部分母驴有不安和回头看腹的表现。此期一般持续2~8小时。有时在触摸的瞬间里卵泡破裂，卵子排出，直检时可明显摸到排卵窝及卵泡膜。此期宜进行配种或输精
黄体形成期	卵巢体积显著缩小，在卵泡破裂的地方形成黄体。黄体初期扁平、呈球形、稍硬。因其周围有渗出血液的凝块，故触摸有面团感
休情期	卵巢上无卵泡发育，卵巢表面光滑，排卵窝深而明显

2）直肠检查的注意事项。直肠检查是鉴定母驴发情较准确的方

法，也是早期妊娠诊断较准确的方法，同时也是诊断母驴生殖器官疾病，进而消除不孕症的重要手段之一。这项检查要由技术熟练的专业人员操作，初学者要在专业人员指导下进行。

直肠检查要注意触摸时，应用手指肚触摸，严禁用手指抠、揪，以防止抠破直肠，造成死亡；触摸卵巢时，要用手指肚轻稳细致地检查触摸，深刻体会卵泡的大小、形态、质地及发育部位等情况，尤其不可捏破发育成熟的卵泡，否则会造成"手中排"而不妊。此外，还应注意卵泡与黄体的区别、大卵泡与卵泡囊肿的区别，以免发生误诊；卵巢发炎时，应注意区分卵巢在休情期、发情期及发炎时的不同特点；触摸子宫角时，注意其形状、粗细、长短和弹性，若子宫角发炎时，要区别子宫角休情期、发情期及发炎时的不同特点。

3）直肠检查的操作步骤。

第1步，保定好母驴。防止母驴蹴踢，要将其保定在防护栏内。

第2步，检查者准备。事先将指甲剪短磨光，以防止划伤肠道，并要做好手臂的消毒，然后涂上肥皂或植物油作为润滑剂。

第3步，消毒母驴的外阴部。先用无刺激的消毒液洗涤，然后用温开水冲洗。

第4步，排除粪便。检查者先以手轻轻按摩肛门括约肌，刺激母驴努责排粪，或以手推动停在直肠后部的粪便，以压力刺激使其自然排粪。然后右手五指并拢握成喙形缓缓进入直肠，掏出直肠前部的粪便。掏粪便时应保持粪球的完整，避免捏碎，以防未被消化的草秆划破肠道。

第5步，触摸卵巢子宫。检查者应以左手检查右侧卵巢，右手检查左侧卵巢。右手进入直肠，手心向下，轻缓前进，当发现母驴努责时，应暂缓，待伸到直肠狭窄部时，以四指进入狭窄部，拇指在外。此时的检查有两种方法：一是下滑法，即手进入狭窄部，四指向上翻，在三、四腰椎处摸到卵巢韧带，随韧带向下捋，就可以摸到卵巢，由卵巢向下就可以摸到子宫角、子宫体。二是托底法，即手进入直肠狭窄部，四指向下摸，就可以摸到子宫底部，顺着子宫底向左上方移动，便可摸到子宫角，到子宫角上部，轻轻向后拉就可摸到左卵巢。

2. 同期发情

对母驴发情周期进行同期化处理的方法称为同期发情或同步发情。同期发情技术主要采用激素类药物刺激，从而改变母驴自然发情周期的规律，将发情周期的过程调整至同步，使群体刚好在规定的时间内集中发情和排卵。

（1）同期发情的意义

1）有利于推广人工授精。人工授精技术的普及往往由于驴群过于分散（农区）或交配（牧区）而受到限制，从而在一定程度上影响着人工授精的迅速推广应用。同期发情技术使母驴群在短时间内集中发情，为驴人工授精的普及创造了良好的条件。同时，可节约资源和设备。

2）便于组织生产。同期发情对驴的生产有利，在经济上具有重要的意义。配种时期相同，母驴的妊娠、分娩和幼驴的培育在时间上相对集中，有利于肉驴的工厂化生产。肉驴成批生产，为更合理地组织生产，有效地进行饲养管理，节约劳力、时间和费用奠定了基础。

3）促进休情驴发情。同期发情不但用于周期性发情的母驴，也能使休情状态的驴出现周期性发情。

4）为驴胚胎移植的研究创造条件。同期发情在驴的胚胎移植技术的研究和应用中，是常采用甚至是不可缺少的一种方法。

（2）同期发情的原理 同期发情技术是利用外源激素刺激卵巢，使其按预定的要求发生变化，从而使被处理母驴的卵巢生理机能都处于相同阶段，能达到同期发情。

现行的同期发情技术有两种途径：一种途径是延长黄体期（从黄体形成至黄体退化之间的时期），给一群母驴同时施用孕激素药物，抑制卵泡的生长发育和发情表现。经过一定时期后同时停药，由于卵巢同时失去外源性孕激素的控制，卵巢上的周期黄体已退化，于是同时出现卵泡发育，引起母驴发情。另一种途径是缩短黄体期，应用前列腺素 F2a（即 PGF2a）加速黄体退化，使卵巢提前摆脱体内孕激素的控制，于是卵泡得以发育，从而使母驴达到同期发情。

（3）用于同期发情的激素和使用方法 马属动物用孕激素类药物处理，同期发情效果不够理想，而前列腺素 F2a 及其类似物如氟

前列烯醇（IC181008）和氯前列烯醇（IC180996）作为同期发情的
药物，效果较好。采用子宫内灌注法的效果优越于肌内注射法。灌
注法用量为 1～2 毫克，肌内注射的量要大些，应用前列腺素 F2a
（即 PGF2a）氯前列烯醇（ICI81008）或氯前列烯醇（ICI80996）肌
内注射 0.5 毫克，处理后的群体母驴，一般在 2～4 天后有 75% 的
驴集中表现发情，另一部分母驴是处于非黄体期。如果要使全群
母驴达到同期发情，可在第一次使用药物处理后 1 天，再用其处理
1 次。

据观察，在间情期（属于黄体期范围）向子宫内注入生理盐水，
可以促使发情期提前到来，这可能是生理盐水刺激子宫内膜，增强
前列腺素的分泌，致使黄体溶解，从而引起发情。

四　驴的配种

1. 自然交配——人工辅助交配

自然交配——人工辅助交配是不具备人工授精条件的地区普遍
采用的方法。大群放牧的驴多为自然交配，而农区则只是在母驴发
情时才牵至公驴处，进行人工辅助交配，这样可以节省种公驴的精
力，提高母驴受胎率。

因母驴多在晚上和黎明时排卵，故交配时间最好在早晨或傍晚。

配种前，先将母驴保定好，用布条将其尾巴缠好并置于一侧，
洗净、消毒、擦干外阴。公驴的阴茎最好也用温开水擦洗。配种时，
先让公驴在母驴周围转 1～2 周，促进性欲发生，然后使公驴靠近母
驴后躯，让它嗅闻母驴阴部，待公驴性欲高涨，阴茎充分勃起后，
及时放松缰绳，让它爬到母驴背上，辅助人员迅速而准确地把公驴
阴茎轻轻导入母驴阴道，使其交配。当观察到公驴尾根上下翘起，
臀部肌肉颤抖时，则表明其在射精，交配时间一般为 1～1.5 分钟，
射精后公驴一般伏在母驴背上不动，可慢慢将它拉下，用温开水冲
洗阴茎后，慢慢牵回厩舍休息。

若不进行卵泡直肠检查，人工辅助交配要在母驴外观发情旺盛
时配种，可采用隔日配种的方法，配种 2～3 次即可。

2. 人工授精

人工授精不仅能使优秀的公驴得到充分利用，而且由于选优淘

劣的方法，扩大了优秀公驴的选配，加速了优良驴品种的改良，也降低了种公驴的饲养成本。母驴通过发情鉴定和适时的人工配种，减少了传染病的发生概率，提高了母驴的受精率，随着冷冻精液技术的推广，等于延长了种公驴的使用年限，母驴与外地优秀公驴的远距离授精也变得更加方便。

（1）采精前的准备

1）器械的洗涤与消毒。人工授精所用的器械在每一次使用前必须消毒，使用后也应立即清洗、消毒。洗涤方法：先用清水冲去残留的精液或灰尘，再用少量洗涤灵洗涤，然后再用清水冲洗干净，最后用蒸馏水清洗 1~2 次，所用玻璃器械、金属器械及纱布用高压灭菌锅蒸煮 30 分钟备用。

2）假阴道的安装。

① 安装内胎及消毒：将内胎放入假阴道外壳中，使露出两端的内胎长短相等，并翻转在外壳上，用胶圈固定，先用 65%~75% 酒精擦拭内胎，再用 96% 酒精。按照先采精杯两端，后阴茎入口的顺序进行擦拭，也可用紫外线灯照射消毒，最后装上胶质漏斗及采精杯。

② 注水：将假阴道直立，将 1500~2000 毫升的 42℃ 温水注入假阴道内，使假阴道温度保持在 39~42℃，太高或太低都会使公驴不愿意交配或不射精，甚至造成公驴阳痿。

③ 涂润滑剂：多用无菌的白凡士林，在早春或冬季可用凡士林与液状石蜡以 2:1 的比例混合后涂抹，深度约为假阴道全长的 1/2。

④ 调节压力：从活塞注入空气，使假阴道入口呈现膨胀的放射状三条缝时才算适度，采精后内胎压力合适与否，公驴个体之间有一定的差异，压力过大，阴茎不能插入，压力过小，公驴缺少兴奋而不射精。

3）台驴的选择与清洗。选择发情好的母驴作为台驴，后躯应擦干净，将母驴头部固定在采精架上，训练好的公驴可以不用发情母驴作为台驴，直接用假台驴采精。

4）公驴的调教。

① 同圈法：将不会爬跨的公驴与若干发情母驴关在一起几天几夜，或将发情母驴的阴道黏液或尿液涂在公驴鼻端进行诱导。

② 诱导法：在其他公驴配种采精时，让其观看，再诱导其爬跨。

③ 按摩睾丸法：在调教期间，每天定时按摩睾丸 10 ~ 15 分钟或用冷水湿布擦洗，可以提高公驴性欲。

④ 药物刺激法：对性欲差的公驴，可以隔日注射丙酸睾酮 1 ~ 2 毫升/头，连用 3 天，再诱导其爬跨。

（2）采精 当公驴爬跨母驴时，人站在公驴右后方，右手紧握假阴道，左手把阴茎轻轻导入假阴道内，切忌用手使劲握拉阴茎，且持阴茎的角度不宜定死，因种公驴阴茎勃起有 3 种情况，即勃起时阴茎会上挑、下拖或平直，故应根据阴茎勃起情况来掌握持阴道的角度，以达到阴茎在假阴道内抽动自如，不使阴茎曲折。1 分钟左右公驴会射精，射精时，必然会翘动尾巴，伸张头颈；射完精后，阴茎会自然退缩，这时立即将假阴道孔阀门打开，慢慢放出假阴道内空气，假阴道也随之逐步树立起来，使精液充分流入集精杯中，然后用纱布封口，尽快送入精液处理室。

（3）精液的检查和稀释

1）精液检查。采好的精液必须用 4 层纱布过滤，以便除去杂质和胶质，然后观察。一是观察精液的容量。精液容量一般为 40 ~ 50 毫升，与饲养管理、采精次数、采精技术有关。二是观察色泽。精液色泽应近似乳白色，无味。三是镜检精液精子活力。取 1 滴过滤后的精液滴在载玻片上，放在 200 ~ 400 倍显微镜下观察。目测精子活动情况，全部精子都做直线前进则评 1 分，若 90% 精子直线前进则评为 0.9 分，以此类推。精子活力在 0.4 分以上，密度在 1.5 亿个/毫升才是合格精液，可以用于输精。此外注意检查精子活力的温度最好保持在 30 ~ 35℃，冬季不低于 25℃，否则检测出的精子活力不准确。四是检查精子密度。通常用血球计数方法检查每毫升精液中所含精子数目，精子数越多，密度越大，精液质量越好。通常合格精液每毫升中含有 1.5 亿 ~ 2.5 亿个精子，精液精子密度太小，会影响受胎率。

2）精液的稀释。根据输精情况，用某一种稀释液将精液稀释成 1 ~ 3 倍，精液稀释后可以延长精子的存活率，不稀释的精液在体外只有 3 小时的活力，稀释后可以延长到 3 ~ 5 天或更久。常用的精液稀释液见表 4-8。

表 4-8　常用的精液稀释液

名　称	配制方法
7% 葡萄糖溶液	100 毫升蒸馏水加 7 克葡萄糖或精制蔗糖 11 克，也可以加新鲜蛋黄液 0.8 毫升
新鲜牛、驴、马奶	新鲜的牛（驴或马）奶 10 克（要去脂煮沸消毒后冷却）加 100 毫升蒸馏水煮 2~4 分钟，冷却至 31℃。实践证明，用奶类稀释精液，倍数可以增大至（1:10）~（1:13），输精标准为 2.5 亿~7.5 亿个/次，仍能保持好的输精效果。奶类在精液保存及输精效果上均优于糖类

3）稀释后的精液检查及保存。经过检查合格的精液，即要求活力大于 0.6，稀释后放在储精瓶里以备使用。因保存温度不同，驴的精液有室温、低温、冷冻 3 种保存方法。室温较简单，但保存时间短；低温保存时将储精瓶包裹后，放置在 0~5℃放满冰块的广口瓶里，保存得好，精子可以存活 3~5 天，而且可以用于远距离运输后输精。

（4）授精　将卵泡发育成熟的母驴保定在四柱栏内，对外阴部清洗消毒后，用消毒纱布擦干。输精时输精员站在母驴的后方偏左侧，右手握输精管，五指形成锥形，缓慢插入母驴阴道内，快速握住子宫颈，将输精管轻插子宫颈口内，7~10 厘米深处，左手握住注射器徐徐推入精液，速度要慢，以防侧流，注射器不能混入空气，防止污染。出现侧流时，可用手握住子宫颈口，轻轻按摩，使子宫收缩，或轻压母驴背腰部，使其伸张，并且牵行运动片刻。再次输精前必须检查精子活力，活力不够的不能用于输精，每次输精量为 15~20 毫升。

五　妊娠诊断

妊娠诊断，尤其是早期妊娠诊断是提高受胎率、减少空怀和流产的一项重要方法。妊娠诊断常采用外部观察、阴道检查和直肠检查 3 种方法。

1. 外部观察

母驴的外部表现是配种后下一情期不再发情。随妊娠日期的增加，母驴食欲增强，被毛光亮，背上膘，行动迟缓，出粗气，腹围

第四章　驴的选种、选配与繁殖

81

加大，后期可看到胎动（特别是饮水后）。依外部表现鉴定早期妊娠准确性差，只能作为判断妊娠的参考。

2. 阴道检查

母驴妊娠后，阴道被黏稠的分泌物黏结，手不易插入。阴道黏膜呈苍白色，无光泽。子宫颈收缩呈弯曲状，子宫颈口被脂状物（称子宫栓）堵塞。

3. 直肠检查

同发情鉴定一样，用手通过直肠检查卵巢、子宫状况来判断妊娠与否。这是判断母驴是否妊娠的最简单而又可靠的一种方法。检查时将母驴保定，按前面介绍的直肠检查程序进行。判断妊娠的主要依据是子宫角形状、弹力和软硬度；子宫角的位置和角间沟的出现；卵巢的位置、卵巢韧带的紧张度和黄体的出现；胎动；子宫中动脉的出现。

1）妊娠 8～25 天空怀时，子宫角呈带状。妊娠后子宫角呈柱状或两子宫角均为腊肠状，子宫角发生弯曲，妊娠侧子宫角基部出现柔软如乒乓球大小的胚泡，泡液波动明显，子宫角基部形成"小沟"。此时在卵巢排卵的侧面，可摸到黄体。

2）妊娠 35～45 天，子宫角无太大变化。可摸到的胚泡继续增大，形如拳头大小，角间沟沿明显。妊娠侧子宫角短而尖，后期角间沟逐渐消失，卵巢黄体明显，子宫颈开始弯向妊娠侧的子宫角。

3）妊娠 55～65 天，胚泡继续增大，形如婴儿头。妊娠侧子宫角下沉，卵巢韧带紧张，两卵巢距离逐渐靠近，角间沟消失，胚泡内有液体。此时孕检易发生误检，应予以注意。

4）妊娠 80～90 天，胚泡大如篮球。两子宫角全被胚胎占据，子宫由耻骨前缘向腹腔下沉，摸不到子宫角和胚泡整体。卵巢韧带更加紧张，两卵巢更靠近。直肠检查时，要区分胚泡和膀胱，前者表面布满了血管呈蛛网状，后者表面光滑充满尿液。

5）妊娠 4 个月以上，子宫颈耻骨前缘呈袋状向前沉向腹腔，此时可摸到子宫中动脉轻微跳动。该动脉位于直肠背侧，术者手臂上翻，沿髂后动脉可摸到 1 个分支，即子宫中动脉。若其有特异的搏动如水管喷水状，即说明驴已妊娠。妊娠 5 个月以上时，可摸到胎心跳动。

六 接产

1. 妊娠母驴的产前准备工作

1）产房准备。产房要向阳、宽敞、明亮，房内干燥，既要通风，也能保温和防贼风。产前应进行消毒，备好新鲜垫草。若无专门产房，也可将厩舍的一侧设为产房。

2）接产器械和消毒药物的准备。事先应准备好剪刀、镊子、毛巾、脱脂棉、5%碘酊、75%酒精、脸盆、棉垫和结扎绳等。

3）助产人员准备。助产人员要经过专门的助产培训，并有一定的处理难产的经验，并做到随叫随到。

2. 母驴的产前表现

母驴在产前1个多月时乳房迅速发育膨大，分娩前乳头由基部开始胀大，并向乳头尖端发展。临产前，乳头成为长而粗的圆锥状，充满液体，越临近分娩，液体越多，胀得也越大。乳汁先是清亮的，后变为白色。此外，母驴分娩前几天或十几天，外阴部潮红、肿大、松软，并流出少量稀薄黏液。尾根两侧肌肉出现松弛塌陷现象，分娩前数小时，母驴开始躁动，来回走动，转圈，呼吸加快，气喘，回头看腹部，时起时卧，出汗，前蹄刨地，食欲减退或不食。此时应有专人守候，随时做好接产准备。

3. 正常分娩的助产

当妊娠母驴出现分娩表现时，助产人员应消毒手臂做好接产准备。铺平垫草，使妊娠母驴侧卧，将棉垫垫在驴的头部，防止擦伤头部和眼睛。正常分娩时，胎膜破裂、羊水流出；若幼驴产出，胎衣（驴膜）未破，应立即撕破胎衣，便于幼驴呼吸，防止其窒息。正生时，幼驴的两前肢伸出阴门之外，且蹄底向下；倒生时，两后肢伸出阴门外，蹄底则向上，产道检查时可摸到幼驴的臀部。助产者切忌用手向外拉，以防幼驴骨折。助产者要特别注意对初产驴及老龄驴的助产。

4. 母驴的产后护理

在分娩和产后期，母驴的整个机体，特别是生殖器官发生迅速而剧烈的变化，机体抵抗力降低。产出幼驴时，子宫颈开张，产道黏膜表层可能有损伤，产后子宫内又积存了大量恶露，这些都为病

原微生物的侵入创造了条件。因此对产后母驴应给以妥善护理，以促进其机体尽快恢复。首先，对产后母驴的外阴部和后躯要进行清洗，并用2%来苏儿消毒；垫草要经常更换，搞好厩舍卫生；其次，产后6小时内，可给母驴喂些稀的麦麸粥或小米粥，并加上盐，然后投给优质干草或青草。产后头几天，应给予少量质量好、易消化的饲料，此后日粮中可逐渐加料直至正常，母驴约需1周；最后，应注意产后半个月内停止使役，1个月后方可开始使役。

5. 新生驴的护理

幼驴出生以后，由母体进入外界环境，生活条件骤然发生变化，由通过胎盘进行气体交换转变为自由呼吸，由原来通过胎盘获得营养和排泄废物变为自行摄食、消化及排泄。此外，幼驴在母体子宫内时，环境温度相当稳定，不受外界有害条件的影响，而新生驴各部分生理机能还不是很完全，为了使其逐渐适应外界环境，必须做好护理。

1）防止窒息。当幼驴产出后，应立即擦掉其嘴唇和鼻孔上的黏液和污物。若黏液较多可将幼驴两后腿提起，使头向下，轻拍胸壁，然后用纱布擦净口鼻中的黏液，也可用胶管插入鼻孔或气管，用注射器吸取黏液以防其窒息。发生窒息时，可进行人工呼吸，即有节律地按压幼生驴腹部，使胸腔容积交替扩张和缩小。紧急情况时，可注射尼可刹米，或用0.1%肾上腺素1毫升直接向心脏内注射。

2）断脐。新生驴的断脐主要有徒手断脐和结扎断脐。因徒手断脐干涸快，不易感染，常被采用。其方法是在靠近幼驴腹部3~4指处用手握住脐带，另一只手捏住脐带向幼驴方向捋几下，使脐带里的血液流入新生驴体内。待脐动脉搏动停止后，在距离腹壁3指处，用手指掐断脐带。再用5%碘酊对残留于腹壁的脐带末端进行充分消毒。过7~8小时，再用5%碘酊消毒1~2次即可。只有当脐带流血难止住时，才用消毒绳结扎。其方法是在距幼驴腹壁3~5厘米处，用消毒棉线结扎脐带后，再剪断消毒。该方法由于脐带断端被结扎，干涸慢，若消毒不严，容易被感染而发炎，故应尽可能采用徒手断脐法。

3）保温。冬季和早春应特别注意新生驴的保温，因其体温调节中枢尚未发育完全，同时皮肤的调温机能也很差，而且外界环境温度也比母体低，生后新生驴极易受凉，甚至发生冻伤，因此应注意保温。母驴产后多不像马、牛那样舔幼驴体上的黏液，可用软布或毛巾擦干幼驴体上的黏液，以防受凉。

七　难产的处理和预防措施

1. 母驴难产的处理

分娩过程进行是否顺利，取决于幼驴姿势、大小及母驴的产力、产道是否正常。如果它们发生异常，不能相互适应，就会使幼驴的排出受阻，发生难产。难产发生后，如果处理不当或治疗不及时，可能造成母驴及幼驴的死亡。因此，临床上正确处理难产，对保护幼驴健康和提高繁殖成活率有重要意义。常见的难产表现和相应的处理（助产）方法有以下几种。

（1）胎头过大　由于幼驴头部过大难以产出，造成难产。助产方法：首先，润滑产道，然后将幼驴两前肢处在一前一后的位置，缓慢牵引，若不行则考虑截去一肢后牵引，或实行剖宫产。

（2）头颈姿势异常　头颈侧弯即幼驴两前肢已伸出产道，而头弯向身体一侧所造成的难产。助产方法：母驴尚能站立时，应前低后高；不能站立时，应使母驴横卧，幼驴弯曲的头颈置于上方，这样有利于矫正或截胎；弯曲程度大，不仅头部弯曲，同时母驴骨盆入口之前空间较大，可用手握着唇部来矫正头部。若幼驴尚未死亡，助产者用拇指、中二指捏住眼眶，可以引起幼驴的反抗活动，有时能使胎头自动矫正；弯曲严重的，不能以手矫正时，必须先推动幼驴，使入骨盆口之前腾出空间，才能把头拉直。可用中间三指将单绳套带入子宫，套住下颌骨体，并拉紧。在术者用产科梃顶在胸前和对侧前腿之间推动幼驴的同时，由助手绳，往往可将胎头矫正；当幼驴死亡时，无论轻度或重度头颈侧弯，均可用锐钩钩住眼眶，在术者的保护下，由助手牵拉矫正。同时也须配合推动幼驴，此时要严防锐钩滑脱，以免损伤子宫、产道或术者的手臂。

（3）前肢姿势异常　前腿姿势异常是由于幼驴的一前肢或两前肢姿势不正而发生的难产。

1）腕部前置。这种异常是前肢腕关节屈曲、增大幼驴肩胛围的体积而发生的难产。助产方法：若是左侧腕关节屈曲，则用右手，

右侧屈曲则用左手，先将幼驴送回产道，用手握住屈曲肢掌部，向上方高举，然后将手放于下方球关节部暂时将球关节屈曲，再用力将球关节向产道内伸直，即可整复。

2）肩部前置。幼驴的一侧或两侧肩关节向后屈曲，前肢弯向自身的腹下或躯干的侧面，使胸部截面面积增大而不能将幼驴排出。助产方法：幼驴个体不大，一侧或两侧肩关节前置时，可不加矫正，在充分润滑产道之后，拉正常前肢、胎头或单拉胎头，一般可将其拉出。

对于幼驴较大或估计不矫正不能拉出时，先将幼驴推回子宫，术者手伸入产道，用手握住屈曲的臂部或腕关节，将腕关节导入骨盆入口，使腕关节屈曲，再按整复腕关节屈曲方法处理，即可整复。

（4）后肢姿势异常 跗部、坐骨前置倒生时，一侧或两侧跗关节、髋关节屈曲而发生难产。助产方法和前肢的腕部前置和肩部前置时基本相同。无法矫正的则采用绞断器绞断屈曲的后肢，再分别拉出。

无论发生何种难产，矫正或截胎困难时，应立即进行剖宫产手术取出幼驴。

2. 难产的预防

（1）勿过早配种 若进入初情期或性成熟之后便开始配种，由于母驴尚未发育成熟，所以分娩时容易发生骨盆狭窄等。因此，应防止未达体成熟的母驴过早配种。

（2）供给妊娠母驴全价饲料 母驴妊娠期所摄取的营养物质，除维持自身代谢需要外，还要供应幼驴的发育。故应该供给母驴全价饲料，以保证幼驴发育和母驴健康，减少分娩时难产现象的发生。

（3）适当使役或运动 适当的运动不但可以提高母驴对营养物质的利用，同时也能使全身及子宫肌肉的紧张性提高。分娩时有利于幼驴的转位以减少难产现象的发生，还可以防止胎衣不下及子宫复原不全等疾病。

（4）早期诊断是否难产 尿囊膜破裂、尿液排出之后这一时期正是幼驴的前置部分进入骨盆腔的时间。此时触摸幼驴，如果前置部分正常，可自然出生；如果发现幼驴有反常，就立即进行矫正。此时由于幼驴的躯体尚未进入骨盆腔，难产的程度不大，羊水尚未流尽，矫正比较容易，可避免难产的发生。

第五节　提高驴的繁殖力

提高驴的繁殖力，从根本上说，就是要使繁殖公母驴保持旺盛的生育能力，保持良好的繁殖体况。从管理上说，就是尽可能地提高母驴的受配率，防止母驴的不孕和流产，防止难产。从技术上说，就是要提高母驴的受胎率等。

一 驴的繁殖力指标

繁殖力是指动物维持正常生殖机能、繁衍后代的能力，是评定种用动物生产力的主要指标。繁殖力是个综合性状，涉及动物生殖活动各个环节的机能。

驴的人工授精，平均情期受胎率为63%左右，人工辅助交配的为70%以上，总受胎率为85%左右，双驹率12%~14%，繁殖年限一般为16~18岁，饲养管理条件良好的可达20岁以上。

1. 情期受胎率

情期受胎率是指在一个发情期，受胎母驴头数占配种母驴头数的百分比。其计算公式如下：

情期受胎率(%) = 一个情期母驴受胎数 ÷ 参加配种母驴数 × 100%

2. 总受胎率

总受胎率是指在一年配种期内，受胎母驴头数占受配母驴头数的百分比。其计算公式如下：

总受胎率(%) = 全年受胎母驴头数 ÷ 受配母驴头数 × 100%

3. 分娩率

分娩率是指分娩母驴数占妊娠母驴数的百分比，这一指标反映了母驴维持妊娠的质量。其计算公式如下：

分娩率(%) = 分娩母驴数 ÷ 妊娠母驴数 × 100%

4. 繁殖成活率

繁殖成活率是指本年度新断奶成活的幼驴数占本年度适繁母驴的百分比。它是母驴受配率、受胎率、分娩率和幼驴成活率的综合反映。其计算公式如下：

第四章
驴的选种、选配与繁殖

$$繁殖成活率(\%) = 断奶成活的幼驴数 \div 适繁母驴 \times 100\%$$

二 提高驴繁殖力的措施

提高繁殖力，首先应该保证驴的正常繁殖能力，进而研究和采用更先进的繁殖技术，进一步发挥其繁殖潜力。

1. 种驴应具备正常的繁殖机能

加强选种。繁殖力受遗传因素的影响很大，不同品种和不同个体的繁殖性能也有差异，尤其是公驴对后代的影响很大。因此，选择繁殖力高的公母驴是提高驴繁殖率的前提。

（1）对于母驴的选择 应注意在正常饲养条件下对其性成熟的早晚、发情排卵情况、产驹间隔、受胎能力及哺乳能力等进行综合考察。

（2）对于公驴的选择 应注意公驴的遗传性能、体型外貌、繁殖历史和繁殖成绩，并重视对公驴的一般生理状态、生殖器官（睾丸与附睾的质地和大小、精子排出管道、副性腺的功能）、精液品质（精子的活力、密度、形态）和生殖疾病等方面的检查。

2. 繁殖驴群应保持良好的体况

繁殖公母驴均要经过系统选择，达到繁殖性能好、身体健壮、营养状况呈中上等。特别是在发情配种季节使母驴具有适当的膘度，是保证母驴正常发情和排卵的物质基础。营养缺乏会使母驴瘦弱，内分泌活动受到影响，性机能减退，生殖机能紊乱，常出现不发情、安静发情、发情不排卵、排卵数减少等；种公驴表现精液品质差、性欲下降等。公驴过肥，会影响性欲和交配能力；母驴过肥，卵巢、输卵管和子宫等部分脂肪过厚，有碍于卵泡的发育、排卵和受精。另外，由于脂肪过多，造成血液中孕激素浓度下降，还会造成发情表现微弱或安静发情。为此，对繁殖用的公母驴，必须按饲养标准饲喂，供给品质良好的饲草、全价混合精料、适量食盐和充足的饮水。

3. 繁殖母驴应保持旺盛的生育能力

从母驴初次繁殖起，随胎次和年龄的增长而繁殖力逐年升高，至壮龄时生育力最强。无论公母驴，当营养状况好时，均可繁殖到20岁以上，所以有"老驴少牛"之说，营养差的在15～16岁便失去了繁殖力。母驴是驴群增殖的基础，在驴群中的数量越多，驴群增殖的速度就越快。所以要注意经常保持繁殖群的65%～70%是进入旺盛生育期的母驴。

4. 提高母驴受配率的方法

（1）优化畜群结构 增加繁殖母驴的比例，使繁殖母驴在畜群中达到50%～70%。

（2）推广繁殖新技术 人工授精技术的推广，大大提高了种用公驴的利用价值和驴群的生产水平。合理布局建立配种网络，建立驴的配种站，推行人工授精，使尽可能多的母驴参加配种。在人工授精过程中，一定要遵守操作规程，从发情鉴定、清洗和消毒器械、采精到精液的处理、冷冻、保存及输精，是一整套非常细致严密的操作，各环节密切联系。任何一个环节掌握不好，都能造成失配、不孕的后果。

为了提高驴的繁殖力，应逐步应用适宜、成熟的繁殖新技术，如同期发情、胚胎移植、超数排卵、控制分娩、诱发发情、性别控制、基因导入、胚胎冷冻和保存等技术。生殖激素的正确使用，可使患繁殖障碍的母驴恢复正常的生殖机能，从而保持和提高其繁殖力。

（3）增膘复壮 草料不足，饲草单一，日粮不全价，尤其是缺乏蛋白质和维生素，是饲养上造成母驴不发情的主要原因。为此，母驴配种前1个月要增加精料；参加劳役的要延长母驴的采食时间，对膘情不好的要减轻使役量，增喂青绿多汁饲料。

（4）及时配种 饲养人员要熟悉每头母驴的发情规律和个体特点，注意观察母驴的发情表现，一旦发现有发情表现，及时牵到配种站进行发情鉴定和配种。正常情况下，刚刚排出的卵子生命力较强，受精力也最高。一般说来，输精或自然交配与排卵的时间越近，受胎率越高。这就要求对母驴发情鉴定尽可能准确，才能做到适时输精。母驴的发情鉴定通常是在外部观察基础上重点进行直肠检查。直肠检查根据卵泡的有无、大小、质地等变化，掌握卵泡的发育程度和排卵时间，以决定最适时的输精时间。近年来，在推行直肠把握输精方法的同时，结合触摸卵泡发育程度进行输精，已达到60%左右的发情期受胎率。并随时记录发情、配种情况。

母驴分娩后的子宫恢复和产后发情的时间，是判定母驴生殖机能的重要标志。加快产后母驴子宫恢复，及时配种，可以提高繁殖率。

（5）及时排查不发情的母驴　役用母驴中，有 10%~15% 的适龄母驴因有生殖道疾患而不能发情，应及时诊断和治疗。已失去繁殖能力的母驴，应淘汰后育肥出栏。

5. 防止母驴的不孕和流产

通过早期妊娠诊断，能够及早确定母驴是否妊娠，做到区别对待。对已确定妊娠的母驴，应加强保胎工作，使胎儿正常发育，可防止孕后发情误配。对未妊娠的母驴，应及时认真地找出原因，采取相应措施，不失时机地补配，减少空怀时间。

尚未形成胎儿的早期胚胎，在母驴子宫内一旦停止发育而死亡，一般会被子宫吸收，有的则会随着发情或排尿而被排出体外。因为胚胎消失和排出不易被人们发现，因此称为隐性流产。驴的平均流产率为 10% 左右，流产多发生在妊娠 5 个月前后，在这个时期避免突然改变饲养条件，合理的役使或运动量是预防流产的有效措施。建议在妊娠 120 天后皮下埋植 300 毫克黄体酮，对防止母驴流产也是有效的。

6. 提高幼驴的成活率

要提高幼驴的成活率需做到以下几点。一是认真护理好新生驴；二是注意保暖，防止贼风袭击幼驴，特别是气候骤变时，更应注意；三是及早让幼驴吃上初乳，生后 2 小时内吃上最好；四是提高母驴泌乳力。母驴泌乳力的好坏，是幼驴成活率高低、生长发育快慢的重要条件。要求每个泌乳月（哺乳月）的第一天给幼驴称重，这在前 3 个泌乳月尤为重要，因为这时的幼驴是以母乳营养为主，可用幼驴的增重来检查母驴的泌乳力。泌乳的后 3 个月，因幼驴逐渐转为补饲为主，幼驴的增重和母驴泌乳力的相关性就不如以前那样明显了；五是早补饲，幼驴在生后 1 周，可给予柔软且优质的干草，同时诱其采食精料。最好能依体重的增长，补料的量也予以增加。对幼驴进行单槽补饲，比与母驴同槽补饲的效果更好。

第五章
驴的饲料与配制

第一节 驴的营养需要

一 驴需要的营养物质

饲料中凡能被驴用来维持生命、生产产品、繁衍后代的物质，均称为营养物质，又称为营养素。饲料中含有各种各样的营养素，不同的营养素具有不同的营养作用。

1. 蛋白质

蛋白质主要由碳、氢、氧、氮 4 种元素组成。此外，有的蛋白质尚含有硫、磷、铁、铜和碘等。动物体内所含的氮元素，绝大部分存在于蛋白质中，不同蛋白质的含氮量虽有所差异，但均接近于 16%。

蛋白质在体内具有重要的营养作用，占有特殊的地位，不能用其他营养物质替代，必须由饲料不断供给。当日粮中缺乏蛋白质时，幼驴生长缓慢或停止，体重减轻；成年驴体重下降。长期缺乏蛋白质，驴还会发生血红蛋白减少的贫血症；当血液中免疫球蛋白数量不足时，驴的抗病力减弱，发病率增加；蛋白质不足还会影响驴的繁殖机能，如母驴发情不明显、不排卵、受胎率降低、胎儿发育不良，公驴精液品质下降。蛋白质过多时，其代谢产物的排泄加重了肝脏、肾脏的负担，可引发中毒。蛋白质水平过高对繁殖也有不利影响，公驴表现为精子发育不正常，精子活力及受精能力降低，母驴则表现为不易形成受精卵或胚胎的活力下降。

2. 能量

能量对驴具有重要的营养作用，驴的生存、生长和生产等一切生命活动都离不开能量。若能量不足，会造成驴体重下降、体况不佳、母驴发情迟缓、公驴配种率低和驴驹发育不良。能量过多，母驴表现肥胖，易发生应激、跛行、繁殖率降低。饲料中的有机物——蛋白质、脂肪和碳水化合物都含有能量，但主要来源于饲料中的碳水化合物和脂肪。

碳水化合物是植物性饲料中最主要的组成部分，约占其干物质重量的3/4。碳水化合物可分为粗纤维（由纤维素、半纤维素、多缩戊糖和镶嵌物质组成，是植物细胞壁的主要成分）和无氮浸出物（指从饲料干物质重量中减去水分、粗蛋白质、粗脂肪、粗纤维、粗灰分后剩余部分的含量，包括单糖、双糖、淀粉和糖原）。无氮浸出物是驴体生命活动能量的主要来源，如葡萄糖是大脑神经系统、肌肉、脂肪组织、胎儿生长发育、乳腺等代谢的唯一能源；粗纤维是驴必需的营养物质，它除了为驴提供能量及作为合成葡萄糖和乳脂的原料外，也是维持驴消化机能正常所必需的。

脂肪具有重要的营养生理作用，是含能量最高的营养素。直接来自饲料或体内代谢产生的游离脂肪酸、甘油酯，都是驴维持和生产的重要能量来源。生产中常用补充脂肪的高能日粮来提高生产效率。脂肪是组成驴体组织细胞和构成驴产品的重要成分，参与细胞内某些代谢调节物质的合成，是脂溶性维生素的溶剂，神经、肌肉、血液等均含有脂肪。饲料中维生素A、维生素D、维生素E、维生素K必须溶解在脂肪中才能被驴体消化吸收。脂肪为动物提供必需脂肪酸。幼驴在生长发育过程中，必须从饲料中获得必需脂肪酸（凡是体内不能合成，必须由日粮供给，或能通过体内特定先体物形成，对机体正常机能和健康具有重要保护作用的脂肪酸都叫必需脂肪酸，如亚油酸、亚麻油酸、花生油酸都属必需脂肪酸，以亚油酸最为重要）。驴缺乏必需脂肪酸时，皮肤发生损害，出现角质鳞片。体内水分经皮肤的损失增加，毛细管变得脆弱，免疫力下降，生长受阻，繁殖力下降，甚至死亡。

当体内碳水化合物和脂肪不足时，多余的蛋白质可在体内分解、氧化供能，以补充热量不足。过度饥饿时体蛋白也可供能。但蛋白质供能不仅不经济，还容易加重机体代谢负担。

驴对能量的需要包括代谢维持需要和生产需要。影响能量需要的因素有环境温度、驴的类型、品种、不同生长阶段和生理状况及生产水平等。日粮的能量值应有一定范围，驴的采食量可由日粮的能量值而定，所以饲料中不仅要有一个适宜的能量值，而且与其他营养物质的比例要合理，使驴摄入的能量与各营养素之间保持平衡，提高饲料的利用率和饲养效果。

3. 维生素

维生素属于低分子有机化合物，其功能在于启动和调节有机体的物质代谢。在饲料中虽然含量甚微，但所起作用极大。维生素种类很多，目前已知20多种，分为脂溶性（维生素A、维生素D、维生素E、维生素K）和水溶性（B族维生素和维生素C）两大类。B族维生素包括硫胺素（维生素B_1）、核黄素（维生素B_2）、烟酸（维生素B_3）、吡哆素（维生素B_6）、泛酸（维生素B_5）、叶酸（维生素B_9）、生物素（维生素B_7）、胆碱（维生素B_4）和维生素B_{12}。维生素在驴体内一般不能直接合成，若饲料中缺乏维生素，驴就不能进行正常的生活、生长、繁殖和生产，就会引起多种疾病。

4. 矿物质

物料经过充分燃烧后剩余的部分就是矿物质或灰分。矿物质是驴体组织、细胞、骨骼和体液的重要成分。体内缺乏矿物质，会引起神经系统、肌肉运动、食物消化、营养输送、血液凝固和体内酸碱平衡等功能紊乱，影响驴体健康、生长发育、繁殖和畜产品产量，甚至死亡。矿物质的种类很多，一般根据其占驴体体重的比例大小可分为常量元素（0.01%以上）和微量元素（0.01%以下）。

（1）常量元素

1）钙、磷。钙、磷参与机体的代谢活动，是骨骼的重要组成成分。缺乏钙或磷，骨骼发育不正常。长期缺乏钙、磷或由于钙、磷的比例不当和维生素D供应不足，幼驴会出现佝偻病（维生素D缺乏症），成年驴会发生骨软症和骨质疏松。血钙过低引起驴的驴痉挛、抽搐、肌肉和心肌强烈收缩。豆科牧草含钙量较高，禾本科牧草含钙量低，因此饲喂禾本科牧草时应注意补充钙质。但日粮中钙供给过量，会加速其他元素（如磷、镁、铁、碘、锌和锰）的缺乏。

2）钾、钠、氯。它们主要分布在驴的体液和软组织中，在维持体液的酸碱平衡和渗透压方面起着重要的作用，并能调节体内水的平衡。钠是制造胆汁的重要原料，氯是胃液中盐酸的组成成分，参与蛋白质消化。钠、氯在驴体内主要以食盐形式存在，食盐还有调味作用，能刺激唾液分泌，促进淀粉酶的活性。缺乏时可导致消化不良、食欲减退、异嗜癖、利用饲料小营养物质的能力下降、发育障碍、生长迟缓、体重减轻、生殖机能减弱和生产力下降等现象。所以在饲料中必须补充食盐，常以0.5%食盐配给为宜，喂量过多则会引起食盐中毒。钾主要存在于细胞内液中，影响机体的渗透压和酸碱平衡，对一些酶的活性有促进作用，缺乏时会导致驴的采食量下降，精神不振和痉挛。钾不必另行补充，驴对钾的最大耐受量占日粮干物质的3%。

3）镁。镁作为骨骼和牙齿的组成成分，为骨骼正常发育所必需；作为磷酸酶、氧化酶、激酶、肽酶和精氨酸酶等多种酶的活化因子，在碳水化合物、蛋白质和脂肪代谢中起重要作用，参与遗传物质 DNA、RNA 和蛋白质的合成，或直接参与酶的组成，调节神经肌肉兴奋性，保证神经肌肉的正常功能。驴需镁量高，饲料中镁含量变化大、吸收率低会使驴出现镁缺乏症，又称"草痉挛"，多发生于晚冬和早春季节。其主要表现为神经过敏、肌肉发抖、呼吸弱、心跳过速、抽搐或死亡。镁过量可使驴中毒，主要表现为昏睡、运动失调、腹泻、采食量下降、生产力降低，甚至死亡。一般植物性饲料中镁含量较高，如棉籽饼、亚麻饼中镁含量高。青饲料、糠麸类也是镁的良好来源，一般不必另加。缺镁时可用硫酸镁、氧化镁、碳酸镁等补充。

4）硫。硫对含硫氨基酸（蛋氨酸和胱氨酸）、维生素 B_{12} 的合成有重要作用。硫是构成蛋白质、某些维生素、酶、激素和谷胱甘肽辅酶 A 的必需成分，也是机体中间代谢和去毒过程中不可缺少的物质。硫作为黏多糖的成分参与胶原和结缔组织的代谢等。缺硫时，驴易出现流涎过多、虚弱、食欲不振、异嗜癖和消瘦等现象。与蛋白质缺乏症症状相似，出现食欲减退、增重减少、毛的生长速度降低。此外，还表现出唾液分泌过多、流泪和脱毛。硫过量时，可产生厌食、失重、便秘、腹泻和抑郁等毒性反应，甚至死亡。

（**2）微量元素**　微量元素在机体内存在量极少，但对机体来说必不可少。

1）碘。碘是形成甲状腺素不可缺少的元素，参与物质的代谢过程，对促进蛋白质合成、调节基础代谢、能量转换、繁殖、生长等起调控作用。缺碘时，新生的幼驴甲状腺肿大，无毛、死亡或生存也很衰弱，发育缓慢。母驴缺碘可导致胎儿死亡或被吸收，或产死胎。碘化钾容易氧化、蒸发或滤过，建议使用碘化钙。碘中毒症状表现为驴发育缓慢、厌食和体温下降。

2）铁。铁参与形成血红素和肌红蛋白，保证机体组织氧的运输。铁还是细胞色素酶类和多种氧化酶的组成成分，与细胞内生物氧化过程密切相关。缺铁的症状是生长缓慢、嗜睡、贫血、呼吸频率增加；铁过量会中毒。各种植物饲料中含有丰富的铁，动物性饲料中也含有丰富的铁。为防止缺铁，一般用硫酸亚铁、氧化亚铁和硫酸铁等补充。

3）钴。钴是合成维生素 B_{12} 的原料，血液中、肝脏中钴的含量可作为钴在驴体中含量充足与否的标志。缺钴时影响血红素和红细胞的形成，出现贫血、消化功能紊乱。日粮中补充钴，可使母驴中发情驴增加，公驴精子数增加。

4）硒。硒是谷胱苷肽过氧化物酶的主要成分，具有抗氧化作用，也是日粮中必需的元素，每千克饲料中必须含有0.1毫克硒才能满足驴的日常需要。缺硒时，对幼驴的发育有严重影响，主要表现在幼驴生长慢，特别是白肌病的发生。母驴繁殖机能紊乱，多空怀和死胎。对缺乏硒的可采用补饲亚硒酸钠的办法。

5）铜。铜主要分布在肝脏、脑、心脏、肾脏及被毛中。作为金属酶的组成成分，直接参与体内代谢。铜能维持铁的正常代谢，生成血红蛋白和红细胞成熟均有铜的参与。贫血常与铜有关，若驴得不到适量的铜，就会影响铁的正常吸收，其结果使血红蛋白的合成受阻。缺铜还使母驴的繁殖性能下降。各种饲料中铜含量比较丰富，一般情况下很少出现铜缺乏情况。在缺铜地区可把硫酸铜按0.5%比例加到食盐中补铜。

6）锰。锰对于骨骼发育和繁殖都有作用。缺锰时，幼驴生长缓慢，采食量下降，骨骼异常，共济失调；母驴发情不明显、受胎率

低、流产，幼驴的初生重减轻。

7）锌。锌是多种酶的成分，如红细胞中的碳酸酐酶、胰液中的羧肽酶和胰岛素的组成成分。锌的主要作用是维持公驴睾丸的正常发育和精子的正常生成。缺锌出现角化不全症、掉毛、睾丸发育缓慢（或睾丸萎缩）、多畸形精子、母驴繁殖力下降。锌过量易出现中毒症状，表现为采食量下降、幼驴增重降低。植物饲料中含有较多的锌，根茎类饲料中比较缺乏。

5. 水

水对维持驴的生命活动极其重要，构成驴机体的成分中水分的含量最高。动物失去全部脂肪、半数蛋白质或失去40%的体重时仍能存活，但若脱水5%则会食欲减退，脱水10%则出现生理失常、代谢紊乱，脱水20%就会死亡。长时间饮水不足，会造成组织和器官缺水、消化机能减弱、食欲下降、影响体内代谢，严重时可造成死亡。

二 驴的营养标准

驴的营养需要是指每头驴每天对能量、蛋白质、矿物质和维生素等营养物质的总需要量，可分为维持需要和生产需要。维持需要是指在不从事任何生产、体重不增减，只维持其正常的生命活动，即维持体温、心跳、呼吸、消化和神经等系统正常生理机能和必需的起、卧、站和走动的肌肉活动所需要的热能，以及补充组织更新、毛与蹄等正常生长所消耗的蛋白质、矿物质和维生素。这种营养需要是驴最低的需要，只有满足最低需要后，多余的营养才能被驴用于生产。生产需要是驴进行繁殖、生长和育肥时，在满足驴维持基本生理需要的基础上所需的营养物质。在一定限度内，供给营养超过维持基本生理需要的营养越多，其生产效果也越大；反之，超出营养需要的营养部分越小，其生产效果也越差。

目前，国内外科学界还没有制定出专门饲养驴的标准，根据驴采食慢、咀嚼细、采食量小、对饲料能量和消化率分别比马高20%和10%的特点，参考美国国家科学委员会（NRC）1978年公布的家马和小型马饲养标准，分别降低20%和10%，作为我国200千克中型驴的饲养准标，对于其他大型驴和小型驴，除参考表5-1外，主要按"驴以 90% 干物质为基础的日粮组成中，精粗饲料和各种营养成分比例"配制日粮，见表 5-2。

表 5-1 体重 200 千克成年驴的营养需要

阶段 \ 日粮比例	体重/千克	日增重/千克	日采干物质/千克	消化能/兆焦	可消化粗蛋白质/克	钙/克	磷/克	胡萝卜素/毫克
成年驴维持生长需要	200		3	27.63	112	7.2	4.8	10
妊娠末期 90 天母驴		0.27	3	30.89	116	11.2	7.2	20
妊娠前 3 个月母驴			4.2	48.81	432	19.2	12.8	26
妊娠后 3 个月母驴			4	43.49	272	16	10.4	22
哺乳驹 3 月龄	60	0.7	1.8	24.61	304	14.4	8.8	4.8
除母乳外需要			1	12.52	160	8	5.6	7.6
断奶幼驴（6 月龄）		0.5	2.3	29.47	248	15.2	11.2	11
1 岁	140	0.2	2.4	27.29	160	9.6	7.2	12.4
1.5 岁	170	0.1	2.5	27.13	120	8.8	5.6	11
2 岁	185	0.05	2.6	27.13	120	8.8	5.6	12.4

注：食盐每天每头 15～20 克。

表 5-2 体重 200 千克成年驴的营养需要

阶段 \ 日粮比例	饲料中粗料近似值（%）	每千克饲料含消化能/兆焦	可消化粗蛋白质（%）	钙（%）	磷（%）	胡萝卜素/毫克
成年驴维持需要	90～100	8.37	7.7	0.27	0.18	3.7
妊娠末期 90 天母驴	65～75	11.51	10	0.45	0.3	7.5
妊娠前 3 个月母驴	45～55	10.88	12.5	0.45	0.3	6.3
妊娠后 3 个月母驴	60～70	9.63	11	0.4	0.25	5.5
哺乳驹 3 月龄	0	13.19	16	0.8	0.55	
除母乳外需要	20～25	12.14	16	0.8	0.55	4.5
断奶幼驴（6 月龄）	30～35	11.72	14.5	0.6	0.45	4.5
1 岁	45～55	10.88	12	0.5	0.35	4.5
1.5 岁	60～70	9.63	10	0.4	0.4	3.7

注：食盐每天每头 15～20 克。

驴的饲料与配制

第五章

第二节 驴的饲料种类和利用

根据饲料营养成分的特点，可将饲料分为能量饲料、蛋白质饲料、青饲料、粗饲料、青贮饲料、矿物质补充饲料、维生素补充饲料和添加剂等。

一 能量饲料

能量饲料是指干物质中粗纤维含量在18%以下、粗蛋白质在20%以下的饲料原料。这类饲料主要包括禾本科的谷实饲料和它们加工后的副产品，以及动植物油脂和糖蜜等，是驴饲料的主要成分，占日粮的50%~80%，其功能主要是供给驴所需要的能量。

1. 谷实类

谷实类指禾本科籽实，如玉米、高粱、大麦等，含有丰富的无氮浸出物，是驴补充热能的主要来源。B族维生素和维生素E较多，维生素A和维生素D缺乏，除黄玉米外都缺胡萝卜素。对幼驴和肉驴需要喂一部分谷实类饲料，并注意搭配蛋白质饲料，补充钙和维生素A。

（1）玉米 玉米能量含量高，适口性好，易于消化。玉米中可溶性碳水化合物的含量高（达72%），其中主要是淀粉，粗纤维含量低（仅2%），所以玉米的消化率可达90%。玉米脂肪含量高，为3.5%~4.5%。含粗蛋白质偏低，为8%~9%，并且氨基酸组成欠佳，缺乏赖氨酸、蛋氨酸和色氨酸。近些年的玉米育种工作中，已培育出高赖氨酸玉米，并在生产中开始应用。玉米可大量用于肉驴日粮中。

（2）高粱 高粱籽实含能量的水平因品种不同而不同，带壳少的高粱籽实，能量水平并不比玉米低，也是较好的能量饲料。高粱蛋白质含量略高于玉米，氨基酸组成和玉米相似。高粱的脂肪含量不高，一般为2.8%~3.3%，亚油酸含量也低，约为1.1%。高粱含有单宁（影响高粱利用的主要因素之一），使高粱有涩味，适口性差。单宁可以在体内和体外与蛋白质结合，从而降低蛋白质及氨基酸的利用率。根据整粒高粱的颜色可以判断其单宁含量，褐色品种的高粱籽实单宁含量高，白色含量低，黄色含量居中。

高粱和玉米配合使用可提高饲料效率和日增重。高粱和玉米的饲养价值相似，但能量略低于玉米，粗灰分含量略高，喂驴效果相当于玉米的90%左右，不宜用整粒高粱喂肉驴。饲喂量不宜过大，饲喂过多可以引起幼驴便秘。

(3) 大麦 大麦籽实有两种，带壳者叫"草大麦"，不带壳者叫"裸大麦"，带壳的大麦能量含量较低。大麦是一种坚硬的谷粒，在饲喂给驴前必须将其压碎或碾碎，否则它将不经消化就排出体外。大麦所含的无氮浸出物与粗脂肪均低于玉米，因外面有一层种子外壳，粗纤维含量在谷实类饲料中是较高的，约为5%。其粗蛋白质含量为11%~14%，且品质较好。赖氨酸含量比玉米、高粱中的含量约高1倍。大麦所含粗脂肪中的亚油酸含量很少，仅为0.78%左右。大麦的脂溶性维生素含量偏低，不含胡萝卜素，而含有丰富的B族维生素。含粗蛋白质10%以上，高于玉米，钙、磷含量也较高。

驴因其盲肠微生物的作用，可以很好地利用大麦。细粉碎的大麦易引起驴发生膨胀症。可先将大麦浸泡或压扁后饲喂，可预防此症。大麦经过蒸汽或高压压扁可提高驴的育肥效果。

2. 糠麸类

糠麸类是谷物加工后的副产品，我国常用的是小麦麸（即麸皮，包括次粉、小麦麸）和大米糠，它们是面粉厂和碾米厂的副产品。碾米厂的砻糠和统糠，营养价值很低，与大米（细）糠显然不同，不能列入糠麸类饲料。糠麸类饲料的优点是：除无氮浸出物外，其他成分含量都比原粮多，含能量是原粮的60%左右。蛋白质含量为15%左右，比谷实类饲料（平均蛋白质含量为10%）高3%~5%；B族维生素含量丰富，尤其含硫胺素、烟酸、胆碱和吡哆素较多，维生素E含量也较多；物理结构疏松、体积大、重量轻，属于蓬松饲料含有适量的粗纤维和硫酸盐类，有利于胃肠蠕动，易消化，有轻泻作用；可作为载体、稀释剂和吸附剂。但其消化能水平比较低，仅为谷实类饲料的一半，而价格却比谷实类饲料的一半还高很多；含钙量低；含磷量很高，磷多以植酸磷形式存在。

(1) 小麦麸 小麦麸俗称麸皮，是以小麦为原料加工面粉时的副产品之一。麸皮适口性好，但能量价值较低（优质麸皮的代谢能可达7.9兆焦/千克）。粗蛋白质含量较高，一般为11%~15%，蛋

白质质量较好，赖氨酸含量为 0.5%～0.7%，但蛋氨酸含量较低，只有 0.11% 左右。麸皮中 B 族维生素及维生素 E 的含量高。配制饲料时，麸皮通常都作为一种重要原料。

麸皮的最大缺点是钙、磷含量比例极不平衡，故不适合单独作为肉驴的饲料，需要通过其他饲料或矿物饲料配合使用。麸皮具轻泻作用，饲喂量不宜过大。

（2）米糠 米糠含有较高的蛋白质、赖氨酸、粗纤维和脂肪等。特别是脂肪的含量较高，以含有不饱和脂肪酸为主，其中的亚油酸和油酸含量占 79.2% 左右。米糠的有效能值较高，与玉米相当；含钙量低，含磷量以有机磷为主，利用率低，钙磷不平衡；微量元素以铁、锰含量较为丰富，而铜含量较低。米糠中富含有 B 族维生素和维生素 E，但是缺少维生素 B、维生素 C 和维生素 D。在米糠中含有胰蛋白酶抑制剂、植酸、稻壳、NSP 等抗营养因子，可引起蛋白质消化障碍，影响矿物质和其他养分的利用。米糠脂肪含量较高，不饱和脂肪比例高，易酸败变质，不宜久存。同时，喂量过多容易引起腹泻，还会引起脂肪变黄、变软，影响肉的品质，所以切勿过量饲喂。米糠钙、磷比例严重不当，使用时应注意补充含钙饲料。

另外，还有玉米皮（玉米加工淀粉后的副产品，含粗蛋白质 10.1%，适口性比麸皮好，在肉驴日粮中可以替代麸皮使用）和大豆皮（是大豆加工过程中分离出的种皮，含粗蛋白质 18.8%，适口性好，能提高驴的采食量，饲喂效果与玉米相同）。

3. 薯类饲料

薯类饲料在脱去水分之前，被称为块根、块茎类饲料及瓜果类饲料，它们的特点是水分含量高，相对干物质较少。就干物质的营养价值来考虑，它们归属能量饲料的范畴，折合能量与玉米、高粱等相当。在干物质中它们的粗纤维含量低，一般为 2.5%～3.5%，无氮浸出物很高，占干物质的 65%～85%，而且多是宜消化的糖、淀粉等。它们具有能量饲料的一般缺点，即蛋白质含量低（但生物学价值很高），而且蛋白质中的非蛋白质含氮物质占的比例较高，矿物质和 B 族维生素的含量也不足。各种矿物质和维生素含量差别很大，一般缺钙、磷、富含钾。胡萝卜含有丰富的胡萝卜素，甘薯和马铃薯却缺乏各种维生素。鲜样能量低，含水量高达 70%～95%，松脆可口，容易消化，有机物消化率为85%～90%。冬季在以秸秆、干草为主的肉驴日粮中配合部分多汁饲料，能改善日粮的适口性，提高饲料利用率。

常用的薯类饲类有甘薯、木薯、马铃薯、糖蜜、甜菜、甜菜渣和果渣等。

二 蛋白质饲料

蛋白质饲料具有能量饲料的某些特点，即饲料干物质中粗纤维含量较少，而且易消化的有机物质较多，单位重量所含的消化能较高，同时含有较高的蛋白质。蛋白质饲料包括植物性蛋白质饲料、动物性蛋白质饲料、非蛋白氮饲料和单细胞蛋白饲料。

1. 植物性蛋白质饲料

植物性蛋白质饲料主要是一些豆科籽实及榨油后的饼粕，如大豆、豆粕、棉粕、菜粕、花生粕和蓖麻粕等。另外，还有啤酒糟等。营养特点是粗蛋白质含量高，一般占干物质的20%以上，比禾本科谷实类高1～3倍，而且品质较好；脂肪含量比较低，除大豆、花生外，一般只含2%左右；矿物质中钙、磷含量比谷实类稍多，但钙少磷多，钙磷比例不当；无氮浸出物含量比谷实类少，为30%～65%，粗纤维含量较少，容易消化；胡萝卜素缺乏；一些豆科籽实、饼粕类饲料中还含有抗营养因子。

(1) 大豆粕（饼） 大豆粕（饼）是指以黄豆制成的油饼、油粕，是所有饼、粕中最好的饼粕。大豆粕（饼）的蛋白质含量较高，为40%～44%，可利用性好，必需氨基酸的组成比例也相当好，尤其是赖氨酸含量，是饼、粕类饲料中含量最高者，可高达2.5%～2.8%，是棉仁饼、菜籽饼及花生饼的1倍。大豆粕（饼）缺乏蛋氨酸，在主要使用大豆粕（饼）的日粮中一般要另外添加蛋氨酸，才能满足动物的营养需要。质量好的大豆粕（饼）色黄味香，适口性好。

(2) 菜籽粕（饼） 菜籽粕（饼）的原料是油菜籽，其蛋白质含量为36%左右，代谢能较低，约为每千克8.4兆焦，所含矿物质和维生素比豆饼丰富，含磷量较高，含硒量比大豆饼粕高6倍，居各种饼粕之首。菜籽粕（饼）中含有单宁、芥子碱、皂角苷等有害

物质。有苦涩味，影响蛋白质的利用效果，阻碍生长。菜籽粕（饼）含芥子毒素，幼驴、妊娠母驴最好不要饲喂。目前有"双低"（硫葡萄糖苷和芥子碱含量低）油菜品种，其饼粕所含毒素少，饲料中可加大用量。

（3）棉籽粕（饼） 棉花籽实脱油后的饼、粕，因加工条件不同，营养价值相差很大。完全脱壳的棉仁所制成的饼、粕，叫作棉仁饼、粕，蛋白质含量可达41%以上，甚至可达44%，代谢能水平可达10兆焦/千克左右，与大豆饼不相上下。而由不脱掉棉籽壳的棉籽制成的饼粕，蛋白质含量为22%左右，代谢能只有6.0兆焦/千克左右，在使用时应加以区分。

在棉籽内，含有对畜禽健康有害的物质——棉酚和环丙烯脂肪酸，过量使用可能引起动物中毒。在生长中通常表现的症状是日粮中棉籽粕（饼）用量过度发生增重慢、饲料报酬低等现象。

（4）花生粕（饼） 花生的品种很多，脱油方法不同，因而花生粕（饼）的性质和成分也不相同。脱壳后榨油的花生仁粕（饼），营养价值高，代谢能含量可超过大豆粕（饼），可达到12.5兆焦/千克，是饼粕类饲料中可利用能量水平最高的饼粕。蛋白质含量也很高，高者可以达到44%以上。花生粕（饼）的另一特点是，适口性极好，有香味，所有动物都很爱吃。花生粕（饼）易染上黄曲霉。花生的含水量在9%以上，温度为30℃，相对湿度为80%时，黄曲霉菌即可繁殖，引起畜禽中毒。因此，花生粕（饼）应随加工随使用，不要贮存时间过长。

（5）啤酒糟 啤酒糟是啤酒工业的主要副产品，是以大麦为原料，经发酵提取籽实中可溶性碳水化合物后的残渣。啤酒糟干物质中含粗蛋白质25.13%、粗脂肪7.13%、粗纤维13.81%、灰分3.64%、钙0.4%和磷0.57%；在氨基酸组成上，赖氨酸占0.95%、蛋氨酸0.51%、胱氨酸0.3%、精氨酸1.52%、异亮氨酸1.4%、亮氨酸1.67%、苯丙氨酸1.31%和酪氨酸1.15%；还含有丰富的锰、铁、铜等微量元素。啤酒糟的蛋白质含量中等，亚油酸含量高。麦芽根含多种消化酶，少量使用有助于消化。啤酒糟以戊聚糖为主，对幼驴营养价值低。麦芽根虽具芳香味，但含生物碱，适口性差，可作为驴的蛋白质饲料。

（6）**酒糟蛋白饲料**（DDGS） 其中含有可溶固形物的干酒糟。市场上的玉米酒糟蛋白饲料产品有两种：一种为 DDG（Distillers Dried Grains），是将玉米酒精糟进行简单过滤，滤渣干燥，滤清液排放掉，只对滤渣单独干燥而获得的饲料；另一种为 DDGS（Distillers Dried Grains with Solubles），是将滤清液干燥浓缩后再与滤渣混合干燥而获得的饲料。DDGS 蛋白质含量高（在26%以上），富含 B 族维生素、矿物质和未知生长因子，可促使皮肤发红。DDGS 柔软、卫生、适口性好，可以作为驴的良好饲料，但 DDGS 的水分含量高，谷物已破损，霉菌容易生长，因此霉菌毒素含量很高，可能存在多种霉菌毒素，会引起驴的霉菌毒素中毒症，导致免疫低下易发病，生产性能下降。饱和脂肪酸比例高，容易发生氧化，所以必须用防霉剂或广谱霉菌毒素吸附剂及抗氧化剂。

（7）**玉米蛋白粉** 玉米蛋白粉是玉米脱胚芽、粉碎及水选制取淀粉后的脱水副产品，是有效能值较高的蛋白质类饲料原料，其氨基酸利用率可达到豆饼的水平。蛋白质含量高达50%~60%。高能量、高蛋白，蛋氨酸、胱氨酸、亮氨酸含量丰富，叶黄素含量高，有利于皮肤着色。赖氨酸、色氨酸含量低，氨基酸欠平衡，黄曲霉毒素含量高。

（8）**玉米胚芽粕** 以玉米胚芽为原料，经压榨或浸提取油后的副产品，又称玉米脐子粕。一般在生产玉米淀粉之前先将玉米浸泡、破碎、分离胚芽，然后取油，取油后即得玉米胚芽粕。玉米胚芽粕中含粗蛋白质18%~20%、粗脂肪1%~2%、粗纤维11%~12%。其氨基酸组成与玉米蛋白饲料（或称玉米麸质饲料）相似。所含氨基酸较平衡，赖氨酸、色氨酸、维生素含量较高。能值随着油量高低而变化，品质变异较大，黄曲霉毒素含量高。

2. 动物性蛋白质饲料

动物性蛋白质饲料是指用作饲料的水产品、畜禽加工副产品及乳、丝工业的副产品等，如鱼粉、肉骨粉、血粉、羽毛粉、乳清粉和蚕蛹粉等。其营养特点是蛋白质含量高、品质好，含有的必需氨基酸种类齐全，特别是赖氨酸和色氨酸含量很丰富，生物学价值也很高；含碳水化合物很少，几乎不含粗纤维；矿物质中钙磷含量较多，微量元素含量也很丰富；B 族维生素含量丰富，特别是维生素 B_6

含量高，还含有一定量的脂溶性维生素，如维生素 D、维生素 A 等；动物性蛋白质饲料还含有一定的未知生长因素（因为它含于蛋白质内，故以前称它为动物性蛋白质因素），它能提高营养物质的利用率。这些饲料价值较高，在日粮中的使用比例较低。

3. 单细胞蛋白饲料

单细胞蛋白饲料包括所有用单细胞微生物生产的单细胞蛋白，呈浅黄色或褐色的粉末或颗粒，蛋白质含量高，富含维生素。含菌体蛋白4%～6%，B族维生素含量丰富，赖氨酸含量高，具有酵母香味；酵母的组成与菌种、培养条件有关。一般含蛋白质 40%～65%、脂肪 1%～8%、糖类 25%～40%、灰分 6%～9%，其中大约有 20 种氨基酸，用于养驴，可以收到增强体质、减少疾病、增重快和产奶多等良好的经济效果。

三 粗饲料

粗饲料常指各种农作物收获原粮后剩余的秸秆、秕壳及干草等，按国际饲料分类，凡是饲料中粗纤维含量在18%以上或细胞壁含量为35%以上的饲料统称为粗饲料。粗饲料特点是粗蛋白质含量很低（3%～4%）；维生素含量极低，每千克秸秆（禾本科和豆科）含胡萝卜素2～5毫克；粗纤维含量很高（30%～50%）；无氮浸出物含量高（20%～40%）；灰分中含钙量高，含磷量低，在粗饲料矿物质中，硅酸盐含量高，这对其他养分的消化利用有影响；含总能量高，但消化率低。粗饲料来源广、种类多、产量大、价格低，是驴在冬春季节的主要饲料来源。

1. 干草类饲料

干草是指植物在生长阶段收割后干燥保存的饲草。大部分调制的干草，是牧草在未结籽前收割的草。通过制备干草，达到了长期保存青草中营养物质和在冬季对驴进行补饲的目的。

粗饲料中，干草的营养价值最高。青干草包括豆科干草（苜蓿、红豆草、毛苕子等）、禾本科干草（狗尾草、驴草等）和野干草（野生杂草晒制而成）。优质青干草含有较多的蛋白质、胡萝卜素、维生素 D、维生素 E 和矿物质。青干草粗纤维含量一般为 20%～30%，所含能量为玉米的 30%～50%。豆科干草中/蛋白质、钙、胡

萝卜素含量很高，粗蛋白质含量一般为 12%～20%，钙含量为1.2%～
1.9%。禾本科干草含碳水化合物较高，粗蛋白质含量一般为 7%～
10%，钙含量在 0.4% 左右。野干草的营养价值较以上两种干草要差
些。青干草的营养价值取决于制作原料的植物种类、收割的生长阶
段及调制技术。禾本科牧草应在孕穗期或抽穗期收割，豆科牧草应
在结蕾期或干花初期收割，晒制干草时应防止暴晒和雨淋，最好采
用阴干法。

2. 秸秆类饲料

秸秆类饲料又称蒿类饲料，其来源非常广泛。凡是农作物籽实
收获后的茎秆和枯叶均属于秸秆类饲料，如玉米秸、稻草、麦秸、高
粱秸和各种豆秸，这类植物中粗纤维含量较干草高，一般为 25%～
50%。木质素含量高，如小麦秸中木质素含量为 12.8%，燕麦秸粗
纤维中木质素为 32%。硅酸盐含量高，特别是稻草，灰分含量高达
15%～17%，灰分中硅酸盐占 30% 左右。秸秆饲料中有机物质的消
化率很低，驴的消化率一般小于 50%，每千克含消化能值要低于干
草。蛋白质含量低（3%～6%），豆科秸秆饲料中蛋白质含量比禾本
科的高。除维生素 D 之外，其他维生素均缺乏，矿物质钾含量高，
钙、磷含量不足。秸秆的适口性差，为提高秸秆的利用率，饲喂前
应进行切短、氨化或碱化处理。

3. 秕壳类饲料

秕壳类饲料是种子脱粒或清理时的副产品，包括种子的外壳或
颖、外皮及混入一些种子成熟程度不等的瘪谷和籽实，因此，秕壳
饲料的营养价值变化较大。豆科植物中的蛋白质优于禾本科植物。
一般来说，荚壳的营养价值略好于同类植物的秸秆，但稻壳和花生
壳除外。秕糠质地坚硬，粗纤维含量高达 35%～50%。秕壳能值变
幅大于秸秆，主要受品种、加工贮藏方式和杂质多少的影响，在打
场中有大量泥土混入，而且本身硅酸盐含量高。如果饲喂过多，甚
至会堵塞消化道而引起便秘、疝痛。秕壳具有吸水性，贮藏过程中
易于霉烂变质，一定要注意。

四　青绿饲料

青绿饲料是一类营养相对平衡的饲料，是驴不可缺少的优良饲

料，但其干物质少，能量相对较低。在驴的生长期可用优良青绿饲料作为唯一的饲料来源，但若要在育肥后期为加快育肥则需要补充谷物、饼粕等能量饲料和蛋白质饲料。

1. 青绿饲料的营养特性

青绿饲料的营养特性，见表5-3。

表5-3　青绿饲料的营养特性

营养成分	特　性
水分	青绿饲料的含水量一般为75%～90%，水生饲料可以高达90%以上，因此，青绿饲料中的干物质含量一般较低。青绿饲料中的水分大多都存在于植物细胞内，它所含有的酶、激素、有机酸等能促进动物的消化吸收，但是营养价值较低。青绿饲料干物质的净能值比干草高，粗纤维含量较低，柔嫩多汁，可以直接大量饲喂，肉驴对其中的有机物质消化率能达到75%～85%
蛋白质	青绿饲料中蛋白质含量丰富，禾本科牧草和蔬菜类饲料的粗蛋白质含量一般为1.5%～3%，豆科青绿饲料为3.2%～4.4%。按干物质算，前者为13%～15%，后者可达18%～24%。青绿饲料的氨基酸组成比较完全，赖氨酸、色氨酸和精氨酸含量较多，营养价值高。生长旺盛的植物中氨化物含量较高，随着植物生长，纤维素的含量增加，而氨化物含量逐渐减少
碳水化合物	青绿饲料中粗纤维含量较低，木质素含量较低，无氮浸出物含量较高。青绿饲料干物质中粗纤维含量不超过30%，叶菜类中不超过15%，无氮浸出物含量为40%～50%。粗纤维的含量随着生长期延长而增加，木质素含量也显著增加。一般来说，植物开花或抽穗之前，粗纤维含量较低。木质素含量每增加1%，有机物质消化率下降4.7%。毛驴对已木质化纤维素的消化率可达32%～58%
脂肪	脂肪含量很少，为鲜重的0.5%～1%，占干物质重的3%～6%
矿物质	青绿饲料是矿物质的良好来源，所含钙、磷比较丰富，矿物质含量占鲜重的1.5%～2.5%。青绿饲料的钙、磷多集中在叶片内，钙、磷含量因植物种类、土壤与施肥情况而异，一般含钙量0.25%～0.50%，含磷量0.2%～0.35%，比例较为适宜，特别是豆科牧草钙的含量较高，因此依靠青绿饲料为主食时，不易缺钙。此外，青绿饲料中尚含有丰富的铁、锰、锌、铜等微量元素，如果土壤中不缺乏某种元素，那么各种元素均能满足驴的营养需要

106

营养成分	特　性
维生素	青绿饲料中维生素含量丰富，特别是胡萝卜素含量较高，每千克饲料中含 50～80 毫克。豆科牧草中胡萝卜素高于禾本科植物。此外，青绿饲料中 B 族维生素、维生素 E、维生素 C 和维生素 K 含量也较丰富，如鲜苜蓿中含硫胺素 1.5 毫克/千克、核黄素 4.6 毫克/千克、烟酸 18 毫克/千克，比玉米籽实中的含量高。但缺乏维生素 D，维生素 B$_6$ 也很少

2. 驴常用的青绿饲料

（1）**青牧草**　青牧草包括自然生长的野草和人工种植的牧草。青牧草种类很多，其营养价值因植物种类、土壤状况等不同而有差异。人工牧草（如苜蓿、沙打旺、草木樨、苏丹草等）的营养价值较一般野草高。

（2）**青割牧草**　青割牧草是把玉米、大麦、豌豆等农作物进行密植，在籽实未成熟之前收割，用来饲喂肉驴。青割牧草的蛋白质含量和消化率均比结籽后高。青草茎叶的营养含量上部优于下部，叶优于茎。所以，要充分利用生长早期的青绿饲料，收贮时尽量减少叶部损失。

（3）**叶菜类**　叶菜类包括树叶（如榆树叶、杨树叶、桑树叶、果树叶等）和青菜（如白菜、胡萝卜等），含有丰富的蛋白质和胡萝卜素，粗纤维含量较低，营养价值较高。胡萝卜产量高、耐贮存、营养丰富。胡萝卜大部分营养物质是淀粉和糖类，因其含有蔗糖和果糖，多汁味甜，每千克胡萝卜含胡萝卜素 36 毫克以上及 0.09% 的磷，高于一般多汁饲料。含铁量较高，颜色越深，胡萝卜素和铁含量越高。

3. 青绿饲料饲喂应注意的问题

（1）**在最佳营养期收割**　饲喂禾本科牧草喂驴时应在初穗期收割，豆科牧草在饲喂时宜在初花期收割，叶菜类牧草应在叶簇期收割。

（2）**多样搭配，营养互补**　青绿饲料是一种成本低、来源广、效果较好的基本饲料，但干物质和能量含量低，应注意与能量饲料、

驴的饲料与配制

第五章

蛋白质饲料和其他牧草配合使用。含水量较大的牧草如鲁梅克斯、菊苣菜等，应晾晒将水分降到 60% 以下再喂，否则易引起驴腹泻。

（3）注意驯饲 对有些适口性差、有异味的牧草，如鲁梅克斯、串叶松香草、俄罗斯饲料菜等，初次饲喂时应进行驯饲。先让驴停食 1~2 顿，将这些牧草切碎后与驴喜食的其他牧草和精料掺在一起饲喂，首次混合量在 20% 左右，以后逐渐增多，一般经 3~5 天驯饲，当驴能够适应时便可足量投喂。

（4）注意加工方法 用于饲喂驴的饲料可切得较长，以 3~10厘米为宜。

（5）注意防中毒 注意预防亚硝酸盐、氢氰酸、草木樨和农药中毒。

五 青贮饲料

将青绿饲料进行青贮，不仅能较好地保持青绿饲料的营养特性，减少营养物质的损失，而且由于青贮过程中产生大量芳香族化合物，使饲料具有酸香味，柔软多汁，改善了适口性，是一种长期保存青饲料的良好方法。此外，青贮原料中含有硝酸盐、氢氰酸等有毒物质，经发酵后会大大地降低有毒物质的含量。同时，青贮饲料中由于大量乳酸菌的存在，菌体蛋白质含量可比青贮前提高 20%~30%，很适合喂驴。

1. 青贮饲料的特点

（1）青贮饲料可以保持青绿饲料的营养特性 青贮是将新鲜的青饲料切碎装入青贮窖或青贮塔内，通过密封措施达到厌氧条件，利用厌氧微生物的发酵作用，达到保存青饲料的目的。青贮过程中氧化分解作用弱，机械损失少，较好地保持了青绿饲料原有的营养特性。

（2）青贮饲料适口性好，利用率高 青绿多汁饲料经过微生物的发酵作用，产生大量芳香族化合物，具有酸香味，柔软多汁，适口性好。有些植物制成干草时，具有特殊气味或质地粗糙，适口性差，但经青贮发酵后，可成为良好的饲料。

（3）青贮饲料能长期保存 良好的青贮饲料，如果管理得当，青贮窖不漏气，则可多年保存，长达二三十年。这样可以在青绿多汁饲料缺乏的冬季，保证均衡地饲喂肉驴。

（4）**调制青贮饲料受气候影响小、原料广泛**　调制青贮饲料的原料广泛，只要方法得当，几乎各种青绿饲料，包括豆科牧草、禾本科牧草、野草野菜、青绿的农作物秸秆和茎蔓均能青贮。青贮过程受气候影响小，在阴雨季节或天气不好时，晒制干草困难，但对青贮的影响较小，只要按青贮条件要求严格掌握，仍可制成优良的青贮饲料。

（5）**调制方法多种多样**　除普通青贮法外，还可采用一些特种青贮方法，如加酸、加防腐剂、接种乳酸菌或加氮化物等外加剂青贮和低水分青贮等，扩大了可青贮饲料的范围，使普通方法难以青贮的植物得以很好地青贮。

2. 驴对青贮饲料的利用效果

青贮饲料是驴日粮的基本组成成分。肉驴对青贮饲料的采食量决定于有机物质的消化率，如果以青饲料采食干物质量为100%，青贮饲料的采食量为青饲料的35%～40%，高水分青贮饲料采食量高于低水分青贮，而且比干草的采食量低。青贮饲料有机物质的消化率和干草差不多，但比青饲料略低。青贮饲料中无氮浸出物含量比青饲料中的含量低，糖类显著下降，如黑麦草青草中含糖9.5%，而黑麦草青贮后含糖仅为2%，粗纤维含量相对提高。青贮饲料中非蛋白氮比例显著提高，如苜蓿青贮干物质中非蛋白氮含量为62%，青割饲料为22.6%，干草为26%，低水分青贮为44.6%。三种主要处理法的可消化氮回收率：田间晒制干草为67%，直接切制青贮为60%，低水分青贮为73%。

采用青贮饲料饲喂驴时，应当与干草类、秸秆类和精料类合理搭配，不宜过多尤其是对初次饲喂青贮饲料的驴，要经过短期的过渡期适应，开始饲喂时少喂勤添，以后逐渐增加饲喂量。

3. 饲草的青贮

（1）**青贮设施**　青贮设施的类型和条件对青贮原料的保护、品质和青贮过程中营养物质的损失有重要影响。所以，青贮设施与原料同样重要，必须予以重视。

青贮设施的种类主要有塔式、窖式和袋式3种。其中青贮塔，是用砖和水泥、镀锌钢板、木板或混凝土建成地上圆筒状建筑。直

径一般为 3 ~ 6 米，高 10 ~ 15 米，可青贮含水量 40% ~ 80% 的青贮原料。水分大于 70% 时，贮存时损失大。装填时，将较干的原料置于下层，较湿的原料放在上层。青贮成熟后，根据结构可由顶部或底部取料。青贮窖全部建于地下，其深度按地下水位的高低来确定。修建青贮窖时，一般不用建筑材料，多由挖掘的土窖或壕沟构成，宜在制作青贮前 1 ~ 2 天挖好。半地下式青贮窖的一部分位于地下，一部分位于地上。地上部分高 1 ~ 1.7 米，窖或壕壁的厚度不低于 70 厘米，以满足密闭的要求。密闭式新型青贮窖采用钢板或其他不透气的材料制成，窖内装填原料后，用气泵将窖内的空气抽空，使窖内保持缺氧状况，能使养分最大限度地得以保存（彩图 21）。青贮袋是近年来国外广泛采用的一种新型青贮方法，其优点是省工、投资少、操作简便、容易掌握、贮存地方灵活。青贮袋有两种装贮方式：一种是将切碎的青贮原料装入用塑料薄膜制成的青贮袋内，装满后用真空泵抽空密封，放在干燥的野外或室内。另一种是用打捆机将青绿牧草打成草捆，装入塑料带内密封，置于野外发酵（彩图 22）。青贮袋由双层塑料制成，外层为白色，内层为黑色，白色可反射阳光，黑色可抵抗紫外线对饲料的破坏作用。

青贮设施的要求，一是不透气，这是调制良好青贮饲料的首要条件。无论用哪种材料修建，都必须做到严密不透气。为防止透气，可在壁内衬一层塑料薄膜。二是不透水。青贮设施不要在靠近水塘、粪池的地方修建，以免污水渗入。地下或半地下式青贮设施的地面，必须高于地下水位。三是墙壁要平直。青贮设施的墙壁要求平滑、垂直，这样才有利于青贮饲料的下沉和压实。四是要有一定的深度。一般宽度和直径应小于深度，宽、深比为 1:1.5 或 1:2，以利于青贮饲料借助于本身的压力压紧、压实，并减少窖内的空气，保证青贮质量。五是防冻。各种青贮设施必须防止青贮冻结，以免影响使用。

青贮设施的大小应适中。一般而言，青贮设施越大，原料的损耗就越少，质量就越好。在实际应用中，要考虑到饲养驴的多少，每天由青贮窖内取出的饲料厚度不少于 10 厘米，同时，必须考虑如何防止窖内饲料的二次发酵。原料少时做成圆窖，原料多时做成长窖。

【例 1】　某一养驴专业户，饲养驴 25 ~ 30 头，全年均衡饲喂青贮饲料，辅以部分精料和干草。每天需饲喂多少青贮饲料？全年共需多少青贮饲料？修建何种设施？面积如何？

按每头驴每天平均饲喂青贮饲料 15 千克计算，每头驴一年需青贮饲料 5475 千克。

全群全年共需青贮饲料总量 = (25 ~ 30)头 × 15 千克/(头·天) × 365 天
= (136875 ~ 164250)千克 = (136.875 ~ 164.25)吨

修建两个圆形青贮窖，直径 8 米，深 4 米。

青贮窖体积 = 半径^2 × 圆周率 × 高度 ≈ 4^2 × 3.14 × 4 米^3 ≈ 200.96 米^3

每个窖贮存饲料量 = 青贮窖体积 × 青贮单位体积重量
= 200.96 米^3 × (500 ~ 700)千克/米^3 = 100.48 ~ 140.672 吨

【例2】 某驴场饲养 300 头成年母驴，全年均衡饲喂青贮饲料，辅以部分精料干草，每天全群饲喂多少青贮饲料？共需多少青贮饲料？修建何种设施？面积如何？

每头驴每天按 13 ~ 15 千克青贮饲料的饲喂量计，每头每年需 4745 ~ 5475 千克，全群全年需 1423.5 ~ 1642.5 吨，全群每天需青贮饲料 3900 ~ 4500 千克。需修建 3 ~ 4 个长方形青贮窖，每个青贮窖宽、深、长分别为 7 米、4 米、35 米。

青贮窖体积 = 长度 × 宽度 × 高度 = 7 米 × 4 米 × 35 米 = 980 米^3

长方形窖贮藏量(吨) = 青贮窖体积 × 青贮饲料单位体积重量
= 980 米^3 × (500 ~ 700)千克/米^3 = 490 ~ 686 吨

（2）青贮方法

1）选好青贮原料。主要是选择适当成熟阶段收割的植物原料，尽量减少太阳暴晒或雨淋，避免堆积发热，保证原料的新鲜和青绿。

2）清理青贮设施。已用过的青贮设施，在重新使用前必须将窖中的脏土和剩余的饲料清理干净，破损处应加以维修。

3）适度切碎。饲喂驴的青贮原料，一般长度切成 4 厘米以下，以利于压实和驴的采食。

4）控制原料水分。大多数青贮作物，青贮时的含水量以 60% ~ 70% 为宜。新鲜青草和豆科牧草的含水量一般为 75% ~ 80%，拉运前要适当晾晒，待水分降低 10% ~ 15% 后才能用于青贮。当原料水分过多时，适量加入干草粉、秸秆粉等含水量少的原料，调节水分至合适程度。当原料水分较低时，将新割的鲜嫩青草交替装填入青

第五章 驴的饲料与配制

贮窖，混合贮存或加入适量的清水。青贮原料水分含量是否适宜，通过搓绞法（在切碎之前，将原料的茎搓绞后不折断，叶片不出现干燥迹象，原料的含水量适合于青贮）、手抓测定（又叫挤压测定，即取一把切碎的原料，用手挤压后慢慢松开，注意手中原料团粒的状态，以团粒展开缓慢、挤压后不滴水为宜）和烘干法（取原料样品送至实验室，烘干测定原料中水分含量）。

5）青贮原料的快装与压实。一旦开始装填青贮原料，速度要快，尽可能在2~4天内结束装填，并及时封顶。装填时，应在20厘米时一层一层地铺平，加入尿素等添加剂，并用履带拖拉机碾压或人力踩踏将其压实。特别注意要避免将拖拉机上的泥土、油污、金属等杂物带入窖内。用拖拉机压过的边角，仍需人工再踩一遍，防止漏气。

6）密封和覆盖。青贮原料装满压实后，必须尽快密封和覆盖窖顶，以隔断空气，抑制好氧性微生物的发酵。覆盖时，先在一层细软的青草或在青贮饲料上覆盖塑料薄膜，而后用土堆至30~40厘米厚，再用拖拉机压实。覆盖后，连续5~10天检查青贮窖的下沉情况，及时把裂缝用湿土封好。窖顶的泥土必须高出青贮窖边缘，防止雨水、雪水流入窖内。

（3）防止青贮饲料二次发酵的方法　青贮饲料的二次发酵，又叫好氧性腐败。在温暖季节开启青贮窖后，空气随之进入，好氧性微生物开始大量繁殖，青贮饲料中的养分大量损失，出现好氧性腐败，产生大量的热。为避免二次发酵所造成的损失，采取以下技术措施：一是适时收割青贮原料，若以玉米秸秆为主要原料，则含水量不超过70%，霜前收割制作。若霜后进行青贮，乳酸发酵就会受到抑制，使青贮饲料中总酸量减少，开启窖后易发生二次发酵。二是所用的原料应尽量切短，这样才能压实。三是装填快、密封严。装填原料应尽量缩短时间，封窖前切碎、压实，用塑料薄膜封顶，确保严密。四是计算青贮饲料日取出量，进行合理安排。修建青贮设施时，应减少青贮窖的体积，或用塑料薄膜将大窖分隔成若干区，分区取料。五是添加甲酸、丙酸和乙酸。将甲酸、丙酸和乙酸喷洒在青贮饲料上，防止发生二次发酵，也可用甲醛、氨水处理。

（4）青贮饲料品质鉴定　用玉米、向日葵等含糖量多、易青贮的原料进行青贮，只要方法正确，2～3 周后就能制成青贮饲料，而不易青贮的原料则需 2～3 个月才能完成。饲喂之前或在使用过程中，应对青贮饲料的品质进行鉴定。

青贮饲料样品的采取方法：以青贮窖或塔中心为圆心，由圆心到距离墙壁 33～55 厘米处为半径，划一圆周，然后从圆心及互相垂直，或直接与圆周相交的各点上采样。用锐刀切取约 20 厘米³ 的青贮样块，切忌掏取样品；青贮壕取样时，应从壕的一端开始，先清除一端的覆盖物，由一端自上而下分点采样。

青贮饲料品质感观鉴定，多采用气味、颜色和结构 3 项指标的鉴定标准，见表 5-4。

表 5-4　青贮饲料品质感观鉴定表

品质 指标	上　　等	中　　等	下　　等
气味	具有酸香味，略有醇酒味	酸味中等或较淡	酸味很淡
颜色	青绿色或黄绿色	黄褐色、墨绿色	褐色，或黑色
结构	压得很紧密，但拿到手上质地柔软，略带湿润	柔软、稍干或水分稍多	干燥松软或黏结

六　矿物质饲料

矿物质是一类无机营养物质，存在于动物体内的各组织中，广泛参与体内各种代谢过程。除碳、氢、氧和氮 4 种元素主要以有机化合物形式存在外，其余各种元素无论含量多少，统称为矿物质或矿物质元素。驴的日粮组成主要是植物性饲料，而大多数植物性饲料中的矿物质不能满足驴快速生长的需要，生产中必须补充矿物质。

1. 食盐

食盐的成分是氯化钠，是驴饲料中钠和氯的主要来源。在植物性饲料中钠和氯的含量都很少，故需以食盐方式添加。食用盐为白色细粒，工业用盐为粗粒结晶。

动物性饲料中食盐含量较高，一些食品加工副产品、甜菜渣、

第五章　驴的饲料与配制

113

酱渣等中的食盐含量也较多，使用饲料配合日粮时，要考虑它们的盐含量。食盐容易吸潮结块，要注意捣碎或经粉碎过筛。饲用食盐的粒度应全部通过 30 目筛（筛孔直径约为 0.6 毫米），含水量不超过 0.5%，氯化钠纯度应在 95% 以上。

驴对钠和氯的需要量多，对食盐的耐受性也大，很少出现驴食盐中毒的情况。肉驴育肥饲料中食盐添加量为 0.04%~0.08%。最好使用盐砖补饲食盐，即把盐块放在固定的地方，驴自行舔食，如果在盐砖中添加微量元素则效果更佳。

2. 含钙饲料

钙是动物体内最重要的矿物质饲料之一。常见的含钙饲料，见表 5-5。

表 5-5　常见的含钙饲料

成　分	特　性
碳酸钙（石粉）	由石灰石粉碎而成最经济的矿物质原料。常用的石粉为灰白色或白色无臭的粗粉或呈细粒状。100% 通过 35 目筛（筛孔直径约为 0.5 毫米）。一般认为颗粒越细，吸收率越佳。市售石粉的碳酸钙含量应在 95% 以上，含钙量在 38% 以上
蛋壳粉	用新鲜蛋壳烘干后制成的粉。新鲜蛋壳制粉时应注意消毒，在烘干最后产品时的温度应达 132℃，以免蛋白质腐败及携带病原菌，蛋壳粉中钙的含量约为 25%
贝壳粉	用各种贝类外壳（牡蛎壳、蛤蜊壳、蚌、海螺等的贝壳）粉碎后制成的产品。海滨多年堆积的贝壳，其内层有机物质已经消失，主要含碳酸钙，一般产品含钙量为 30%~38%。细度依用途而定，为较廉价的钙质饲料。质量好的贝壳粉杂质少，钙含量高，呈白色粉状或片状
硫酸钙	主要提供硫和钙，生物学利用率较好。在高温高湿条件下可能会结块。高品质的硫酸钙来自矿心开采所得产品精制而成，来自磷石膏者品质较差，含砷、铅、氟等较高，若未除去，便不宜用作饲料

3. 含磷饲料

常见的含磷饲料，见表 5-6。

表 5-6　常见的含磷饲料

成　分		特　性
磷酸钙类	磷酸钙	又称磷酸三钙，含磷20%，含钙38.7%，纯品为白色、无臭的粉末。不溶于水中而溶于酸。经脱氟的磷酸钙成为脱氟磷酸钙，为灰白色或茶褐色粉末
	磷酸氢钙	又称磷酸二钙，有无水和二水两种。稳定性较好，生物学效价较高，一般含磷18%以上，含钙23%以上，是常用的磷补充饲料
	磷酸二氢钙	又称磷酸一钙及其水合物，一般含磷21%、含钙20%，生物学效价较高。作为饲料时要求含氟量不得高于磷含量的1%。纯品为白色结晶粉末。含一结晶水的磷酸二氢钙在100℃下为无水化合物，152℃时熔融变成磷酸钙
磷酸钠类	磷酸一钠	本品为磷酸的钠盐，呈白色粉末，有潮解性，宜干燥贮存。在钙要求低的饲料可用它作为磷源，在产品设计调整高钙、低磷配方时使用，磷酸一钠含磷26%以上、含钙19%以上。其价格比较昂贵
	磷酸二钠	为白色无味的细粒状，一般含磷18%~22%、含钠27%~32.5%，应用价值同磷酸一钠
骨粉类		以家畜骨骼加工而成。因是一种钙磷平衡的矿物质饲料，且含氟量低，但在使用前应脱脂、脱胶、消毒，以免传播疾病。一般多用作磷饲料，也能提供一定量的钙，但不如石粉、蛋壳粉价格便宜。动物骨粉同样属于在反刍动物日粮中禁止使用的饲料原料
磷矿石粉		磷矿石经粉碎后的产品。常常含有超过允许量的氟，并有其他杂质，如铅、砷、汞等。必须合乎标准才能用作饲料
液体磷酸		为磷酸水溶液，具有强酸性，使用复杂。尿素、糖蜜及微量元素混合制成液体饲料

4. 天然矿物质饲料

天然矿物质饲料含有多种矿物元素和营养成分，可以直接添加到饲料中去，也可以作为添加剂的载体使用。常见的天然矿物质主

驴的饲料与配制

第五章

115

要有膨润土、沸石、麦饭石、海泡石等。

（1）膨润土 饲用膨润土是一种天然矿石，呈灰色或灰褐色，细粉末状。膨润土所含元素在 11 种以上，因产地和来源不同，其成分也有差异。各种元素含量一般为硅 30%、钙 10%、铝 8%、钾 6%、镁 4%、铁 4%、钠 2.5%、锰 0.3%、氯 0.3%、锌 0.01%、铜 0.008% 和钴 0.004%。大都是肉驴生长发育必需的常量元素和微量元素，它还能使酶和激素的活性或免疫反应发生显著变化，对肉驴生长有明显的生物学价值。

（2）沸石 天然沸石四面体颗粒具有独特的多孔蜂窝状结构，可以吸收和吸附一些有害元素和气体，故有除臭作用；沸石还具有很高的活性和抗毒性，可调整肉驴瘤胃的酸碱性，对肝、肾功能有良好的促进作用。沸石还具有较好的催化性、耐酸性、热稳定性。沸石在驴饲料中的用量为 2%~7%。沸石也可作为添加剂的载体，用于制作微量元素预混料或其他预混料。

另外，还有麦饭石（在驴日粮中用量为 1%~8%）、海泡石（一般用量为 1%~3%）和稀土，也可以在驴饲料中添加。

七 维生素饲料

由于各种维生素化学性质不同，生理功能各异，所以对 10 多种维生素再进行分类。目前，将维生素分为脂溶性维生素和水溶性维生素。脂溶性维生素主要有维生素 A、维生素 D、维生素 K、维生素 E，它们只含有碳、氢、氧 3 种元素。水溶性维生素包括维生素 B_1、维生素 B_2、维生素 B_4（胆碱）、维生素 B_5（泛酸）、维生素 B_6（吡哆素）、维生素 B_7（生物素）、维生素 B_{10}（叶酸）、维生素 B_{12}（钴胺素）和维生素 C。在生产中，为适应不同生长阶段的驴对维生素的营养需要，可以有针对性地生产系列复合多种维生素产品，用户可以根据生产需要直接选用。

八 饲料添加剂

添加剂在配合饲料中占的比例很小，但具有的作用则是多方面的。对动物而言，有的可抑制消化道有害微生物繁殖，促进饲料营养消化、吸收，抗病、保健、驱虫，改变代谢类型、定向调控营养，促进动物生长和营养物质沉积，减少动物兴奋、减低饲料消耗和改进产品色泽，提高商品等级等。在饲料环境方面，有疏水、防霉、防腐、抗氧化、抗黏结、赋型、防静电、增加香味、改变色泽、除臭和防尘等作用。

常用的饲料添加剂主要有营养性饲料添加剂（主要包括氨基酸类、维生素类，微量元素类添加剂，以及蛋白质、矿物质类）、驱虫保健剂（主要包括各类抗球虫药）、防霉和防腐添加剂（主要包括用于饲料中防止霉变的一类有机酸类）、抗氧化剂（用于防止饲料中有机物质和不饱和脂肪酸物质氧化的一类添加剂）、调味剂、增香剂及诱食剂（这种添加剂统称为风味剂，其目的是为了增进动物的食欲，或掩盖某些饲料组分中的不良气味）。

第三节　驴的饲料配方设计和参考配方

一　全价配合饲料配制的原则

1. 营养原则

驴的日粮，指每头驴一昼夜所采食的各种饲料的总量。按照饲养标准和饲料的营养价值配制出的完全满足驴在基础代谢和增重、繁殖、产乳、育肥等阶段需要的全价日粮。配制营养全、成本低的日粮是实现高效养驴的基础条件。

（1）营养性原则

1）合理地设计饲料配方的营养水平。设计饲料配方的营养水平必须以饲养标准为基础，同时要根据动物生产性能、饲养技术水平与饲养设备、饲养环境条件、市场行情等及时调整饲粮营养水平，还要考虑外界环境与加工条件等对饲料原料中活性成分的影响。设计配方时要特别注意各养分之间的平衡，也就是全价性。

2）合理选择饲料原料，正确评估和决定饲料原料营养成分含量。饲料配方平衡与否，很大程度上取决于设计时所采用的原料营养成分值。条件允许的情况下，应尽可能多的选择原料种类。原料营养成分值尽量有代表性，要注意原料的规格、等级和品质特性。选择饲料原料时除要考虑其营养成分含量和营养价值，还要考虑原料的适口性、原料对驴产品风味及外观的影响、饲料的消化性及容

重等。

3）正确处理配合饲料配方设计值与保证值的关系。配合饲料中的某一养分往往由多种原料共同提供，且各种原料中养分的含量与其真实值之间存在一定的差异，同时饲料加工过程中还存在偏差，生产的配合饲料产品往往有一个合理的贮藏期，贮藏过程中某些营养成分还要受外界各种因素的影响而损失。配合饲料的营养成分设计值通常应略大于配合饲料保证值，保证商品配合饲料营养成分在有效期内不低于产品标签中的标示值。

（2）经济性原则 经济性即经济效益和社会效益。在养驴生产中，饲料费用占很大比例，一般要占养驴成本的 70% ~ 80%。因此，配合日粮时，要充分利用饲料的替代性，就地取材，选用营养丰富、价格低廉的饲料原料来配制日粮，以降低饲料成本。饲料种类尽可能增加，这样可以充分发挥饲料原料营养成分的互补作用，使饲粮更加营养平衡。设计配方时，还要考虑动物废弃物中氮、磷、药物等对人类生存环境的不利影响。

（3）安全性原则 配合饲料对动物自身必须是安全的，发霉、酸败、污染和未经处理的含毒素等饲料原料不能使用。动物采食配合饲料而生产的动物产品对人类必须既富含营养而又健康安全。设计配方时，某些饲料添加剂（如抗生素等）的使用量和使用期限应符合安全。

二 全价饲料配方设计的方法

全价配合日粮配制时首先要设计日粮配方，有了配方，然后"照方抓药"。如果配方设计不合理，即使多么精心的制作，也生产不出合格的饲料。配方设计的方法很多，主要有试差法、四角形法、线性规划法、计算机法等。

1. 日粮配合的步骤

（1）查饲养标准 根据驴的性别、年龄、体重和生产性能查出相应的饲养标准。

（2）确定所用原料种类 并根据原料的数量、质量和价格等，确定或限制一些原料的用量。用量较多的玉米、燕麦和豆粕等可不限量，其他原料的用量尽可能的加以限制，以方便以后的计算。矿物质总用量（主要是骨粉、石粉、食盐等）可控制在1%～2%，小麦麸适口性好，具有蓬松和适度的倾泻作用，一般占日粮的5%～20%。鱼粉价格较高，一般用量有限。大麦单独饲喂可引起马属动物的急性腹痛，应与其他原料搭配并限制用量。亚麻籽粉加热处理后饲喂驴可使其毛色光亮，可少量饲喂。另外，注意肉驴赖氨酸的供给，特别是在日粮中使用含赖氨酸量少的原料较多时，如玉米、向日葵粉等。

（3）形成初拟配方　初拟配方只考虑能量或粗蛋白质的需要。

（4）调整配方　在初拟配方的基础上，进一步调整钙、磷、氨基酸的需要量，首先用含磷高的饲料（骨粉、脱氟磷酸钙）调整磷的含量，再用不含磷而含钙的饲料（石粉或贝壳粉）调整钙的含量。

（5）调整百分含量　主要矿物质饲料的用量确定后，再调整初拟配方的百分含量。

（6）调整微量元素和维生素　最后补加（不考虑饲料的百分数）微量元素和多种维生素。

2. 日粮配合举例

1.5岁的幼驴，体重170千克，预计日增重0.1千克，为其设计日粮配方。

（1）查饲养标准　根据幼驴年龄、体重和日增重查饲养标准，获得该驴的营养需要见表5-7。

表5-7　驴的营养需要量

体重/千克	日增重/（千克/天）	干物质采食量/（千克/天）	消化能/（兆焦/天）	粗蛋白质/（克/天）	钙/（克/天）	磷/（克/天）	胡萝卜素/（克/天）
170	0.1	2.5	27.13	136	8.8	5.6	11

（2）选用饲料原料　假设可以选用的饲料原料有苜蓿干草、玉米秸、谷草、玉米、麦麸、大豆饼、磷酸氢钙、石粉、食盐及添加剂等。

（3）查所选各种饲料原料的营养物质含量　由驴常用饲料及其营养价值表查出所选各原料营养价值见表5-8。

表 5-8　饲料营养价值表

原料	干物质（%）	消化能/（兆焦/千克）	可消化蛋白质		钙		磷		胡萝卜素/毫克
			（%）	/克	（%）	/克	（%）	/克	
苜蓿干草	91.1	5.57	12.7	127.26	1.7	17.4	0.22	2.2	45
玉米秸	79.4	3.77	1.7	17	0.8	8.2	0.5	5	5
谷草	86.5	4.1	1.2	11.95	0.4	3.5	0.2	1.8	2
玉米	88.4	16.28	6.33	63.3	0	0.9	0.24	2.4	4.7
麦麸	86.5	8.87	14	140.043	0.13	1.2	1	0.07	4
大豆饼	86.5	13.98	38.9	389.87	0.5	4.9	0.78	7.8	0.2
磷酸氢钙					23.2	232	18.6	186	
石灰石粉					33.89	228.9			

（4）初拟配方　第一步，只考虑满足驴能量和粗蛋白质的需要，初步确定各原料的比例，为了最后日粮平衡的需要，一般为矿物质饲料和维生素补充料预留1%~2%。初步确定各原料所占比例及其能量和蛋白质含量，见表5-9（本例预留1%的比例）。

表 5-9　初步确定各原料所占比例及其能量和蛋白质含量

原料	干物质比例（%）	干物质采食量/千克	风干物质采食量/千克	消化能/兆焦	可消化蛋白质/克
苜蓿干草	2	2.5 ×2% = 0.05	0.05 ÷ 0.911 = 0.05	0.33	7.64
玉米秸	24	2.5 ×24% = 0.6	0.6 ÷ 0.794 = 0.76	2.87	12.92
谷草	22	2.5 ×22% = 0.55	0.55 ÷ 0.865 = 0.64	2.62	7.65
玉米	44	2.5 ×44% = 1.1	1.1 ÷ 0.884 = 1.24	20.13	78.49
麦麸	2	2.5 ×2% = 0.05	0.05 ÷ 0.865 = 0.06	0.53	8.43
大豆饼	5	2.5 ×5% = 0.125	0.125 ÷ 0.865 = 0.15	2.1	58.48
预留	1	2.5 ×1% = 0.025			
合计	100	2.5		28.58	173.61
标准	100	2.5		27.13	136
盈亏	0	0		+1.45	+37.61

注：表中各原料的比例是根据其营养特性、产地来源、价格和驴的消化生理特点人为确定的，是否合理，应根据后续配出的配方中各营养物质是否平衡，尤其该配方在实际应用中的效果进行判断。

第二步，基本调平配方中能量和蛋白质的需要。从表5-9可以看出，消化能和可消化粗蛋白质都已超过了标准，但可消化粗蛋白质超出较多，应调低蛋白质含量多的原料用量，同时调高蛋白质含量低而能量不能太低的原料，使配方的消化能和可消化粗蛋白质基本与标准相符，如果相差太大可再进行调整，直到与标准基本相符为止。初调后配方的能量和蛋白质营养含量，见表5-10。

表5-10　初调后配方的能量和蛋白质含量

原料	干物质比例（%）	干物质采食量/千克	风干物质采食量/千克	消化能/兆焦	可消化蛋白质/克
苜蓿干草	2	2.5×2% = 0.05	0.05÷0.911 = 0.05	0.33	7.64
玉米秸	24	2.5×24% = 0.6	0.6÷0.794 = 0.76	2.87	12.92
谷草	25	2.5×25% = 0.625	0.625÷0.865 = 0.72	2.95	8.6
玉米	44	2.5×44% = 1.1	1.1÷0.884 = 1.24	20.13	78.49
麦麸	2	2.5×2% = 0.05	0.05÷0.865 = 0.06	0.53	8.43
大豆饼	2	2.5×2% = 0.05	0.05÷0.865 = 0.06	0.84	23.39
预留	1	2.5×1% = 0.025		0	0
合计	100	2.5		27.74	139.47
标准	100	2.5		27.13	136
盈亏	0	0		+0.61	+3.47

（5）计算磷、钙、盐、胡萝卜素的添加量　初调配方各营养物质含量见表5-11，由表5-11可以看出该配方不需要再添加磷酸氢钙和石粉就可满足驴的需要。

食盐添加量一般为10～20克，本配方添加18克，根据不同饲料和不同季节，需调整盐量（这只是个参考范围数）。一般饲料中维生素含量不计算在内，所以日粮中应添加11毫克的胡萝卜素。

表5-11　初调后配方中各营养物质含量

原料	干物质比例（%）	干物质采食量/千克	风干物质采食量/千克	消化能/兆焦	可消化蛋白质/克	钙/克	磷/克	胡萝卜素/毫克
苜蓿干草	2	0.05	0.06	0.33	7.64	1.04	0.13	0
玉米秸	24	0.6	0.76	2.87	12.92	6.23	3.8	0

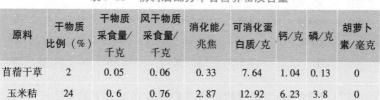

（续）

原料	干物质比例（%）	干物质采食量/千克	风干物质采食量/千克	消化能/兆焦	可消化蛋白质/克	钙/克	磷/克	胡萝卜素/毫克
谷草	25	0.625	0.72	2.95	8.6	2.52	1.3	0
玉米	44	1.1	1.24	20.13	78.49	1.12	2.98	0
麦麸	2	0.05	0.06	0.53	8.43	0.08	0.06	0
大豆饼	2	0.05	0.06	0.84	23.39	0.29	0.47	0
食盐	0.72	0.018	0.018	0	0	0	0	0
维生素添加剂	0.28	0.007	0.007	0	0	0	0	0
合计	100	2.5		27.65	139.47	11.28	8.74	0
标准	100	2.5		27.13	136	8.8	5.6	11
盈亏	0	0		+0.52	+3.47	+2.48	+3.14	-11

（6）日粮组成及配方　详见表5-12。

表5-12　日粮组成及配方表

原料		干物质采食量/千克	日粮配方（%）	精料补充料		粗饲料	
				原料数	所占比例（%）	原料数	所占比例（%）
粗饲料	苜蓿干草	0.06	2.05	0	0	2.05	3.89
	玉米秸	0.76	25.98 （52.65）	0	0	25.98	49.35
	谷草	0.72	24.62	0	0	24.62	46.76
精饲料	玉米	1.24	42.39	42.39	89.52	0	0
	麦麸	0.06	2.05	2.05	4.33	0	0
	大豆饼	0.06	2.05 （47.35）	2.05	4.33	0	0
	食盐	0.018	0.62	0.62	1.31	0	0
	维生素添加剂	0.007	0.24	0.24	0.51	0	0
合计		2.925	100	47.35	100	52.65	100

（7）日粮分析　该日粮各营养物质含量基本上满足生长驴每天

增重0.1千克的营养需要。但应注意：一是日粮的精料比例偏高（粗料、精料比为53:47），在具体使用时应注意驴是否适应；二是矿物质元素中，钙含量有点少（钙和磷的比例为1.3:1），若需完善可适当调低磷的含量（钙和磷的含量都能达到标准，但磷超出更多，钙磷比例不协调），也可适当提高钙含量；三是应用该配方饲喂驴时，首先将粗饲料（即苜蓿干草、玉米秸和谷草）按表5-10中的配方需要量铡短混匀，然后按日需要量将52.65%粗饲料与47.35%精料补充料混成日粮喂驴。

三 驴的饲料参考配方

不同用途的驴的日粮配方，见表5-13～表5-19。

表5-13　种公驴的日粮配方

项　目	日粮组成	日采食量/千克	所占比例（%）
配种期	玉米	1.35	45
	麸皮	1.05	35
	黑豆	0.54	18
	骨粉	0.03	1
	食盐	0.03	1
	胡萝卜	2	—
	苜蓿	充分采食	—
	谷草	充分采食	—
非配种期	玉米	1.25	50
	麸皮	0.95	38
	黑豆	0.25	10
	骨粉	0.025	1
	食盐	0.025	1
	苜蓿	充分采食	—
	谷草	充分采食	—

第五章
驴的饲料与配制

表5-14　母驴的日粮配方

项　目	日粮组成	日采食量/千克	所占比例（%）
妊娠期	玉米	1	50
	麸皮	0.76	38
	黑豆	0.2	10
	骨粉	0.02	1
	食盐	0.02	1
	苜蓿	充分采食	—
	谷草	充分采食	—
哺乳期期	玉米	1	50
	麸皮	0.72	36
	黑豆	0.24	12
	骨粉	0.02	1
	食盐	0.02	1
	苜蓿	充分采食	—
	谷草	充分采食	—

表5-15　肉用驴日粮配方

日粮组成	日采食量/千克	所占比例（%）
玉米	1.08	54
麸皮	0.9	45
食盐	0.02	1
苜蓿	充分采食	—
谷草	充分采食	—

表5-16　母驴妊娠后3个月的参考日粮配方（体重180千克）

妊娠月份		消化能/（兆焦/天）	干物质日需要量/千克	参考配方
夏季	9个月	14.4	2～2.4	1.1千克麦草＋精料＋1.3千克优质牧草＋放牧

妊娠月份		消化能/ （兆焦/天）	干物质日 需要量/千克	参 考 配 方
夏季	10 个月	17.1	2~2.4	0.4 千克麦草＋精料＋1.8 千克优质牧草
	11 个月	18.6	2~2.4	2.2 千克麦草＋精料＋放牧
冬季	9 个月	19.8	2.5~3.1	1.0 千克麦草＋精料＋1.7 千克优质牧草＋放牧
	10 个月	20.7	2.5~3.1	0.4 千克麦草＋精料＋2.2 千克优质牧草
	11 个月	22.1	2.5~3	2.5 千克干草＋精料＋放牧

注：优质干草为 9 兆焦/千克，精饲料的主要成分是蛋白质、维生素和矿物质添
加剂，在干草水平下，日粮干物质比例以 90% 计算。

表 5-17　1.5 岁生长肉驴的精料补充料配方

原　　料	配方 1	配方 2	配方 3	配方 4	配方 5
玉米（%）	57.18	67	67	61	56.67
麦麸（%）	15	3.2	2.2	12	14
豆粕（%）	19	20	20	16	14
棉籽粕（%）	5	1.1	2	5	4.9
菜籽粕（%）	0	3	2	2.74	3
酒糟蛋白饲料（%）	0	2	2	0	4
碳酸氢钙（%）	1.3	1.95	2	0.94	1
石粉（%）	1.2	0.45	0.48	1	1.1
食盐（%）	0.32	0.3	0.32	0.32	0.33
预混料（%）	1	1	1	1	1
合计（%）	100	100	100	100	100
消化能/（兆焦/千克）	12.68	13.35	13.38	12.84	12.74
粗蛋白质（%）	17.31	16.97	17.06	16.89	16.89

第五章　驴的饲料与配制

（续）

原　　料	配方1	配方2	配方3	配方4	配方5
钙（%）	0.8	0.67	0.67	0.65	0.69
磷（%）	0.36	0.45	0.45	0.3	0.31
钠（%）	0.15	0.13	0.15	0.14	0.15

表5-18　2岁生长肉驴的精料补充料配方

原　　料	配方1	配方2	配方3	配方4	配方5
玉米（%）	55	59	56	66	62.47
麦麸（%）	20	15	20	10.3	11
豆粕（%）	6.64	13	7.26	15.27	14
棉籽粕（%）	5	4.76	5	0	5
菜籽粕（%）	5	0	5	5	0
酒糟蛋白饲料（%）	5	4.62	3.38	0	4
碳酸氢钙（%）	0.93	1.2	0.93	1	1.1
石粉（%）	1.11	1.1	1.11	1.1	1.1
食盐（%）	0.32	0.32	0.32	0.33	0.33
预混料（%）	1	1	1	1	1
合计（%）	100	100	100	100	100
消化能/（兆焦/千克）	12.44	12.76	12.44	13.1	12.93
粗蛋白质（%）	15.8	16.1	16.69	15.7	16.13
钙（%）	0.63	0.72	0.68	0.69	0.7
磷（%）	0.31	0.33	0.31	0.31	0.32
钠（%）	0.15	0.14	0.15	0.13	0.15

注：消化能控制在12.6兆焦左右，粗蛋白质以16%~18%为宜。

表5-19　3岁生长肉驴的精料补充料配方

原　　料	配方1	配方2	配方3	配方4	配方5
玉米（%）	42.12	51.52	74	70.49	65.3
麦麸（%）	34	30	1.1	4	2.9
豆粕（%）	2.6	4.88	4.6	1.5	3

原　料	配方1	配方2	配方3	配方4	配方5
棉籽粕（%）	0	0	1	1	1
菜籽粕（%）	0	0	0	1.33	0
鱼粉（%）	0	0	4.78	3	0
豌豆（%）	18	0	0	0	0
酒糟蛋白饲料（%）	0	10.6	11	16.17	25
碳酸氢钙（%）	0.8	0.7	1	0.3	0.5
石粉（%）	1.16	1.2	1.2	1.2	1.3
食盐（%）	0.32	0.1	0.32	0.01	0
预混料（%）	1	1	1	1	1
合计（%）	100	100	100	100	100
消化能/（兆焦/千克）	12.13	12.3	13.6	13.13	13.68
粗蛋白质（%）	13.9	14.2	15.16	14.6	14.86
钙（%）	0.6	0.65	0.9	0.7	0.64
磷（%）	0.3	0.33	0.51	0.36	0.35
钠（%）	0.15	0.15	0.27	0.18	0.2

注：精料补充料占日粮30%，粗饲料占日粮70%。由于各地饲草资源、气候条件
　　和肉驴的本身状况不同，表5-17、表5-18和表5-19的配方只能作为参考。

——第六章——
驴的饲养管理

第一节　饲养管理的基本原则和方法

一　饲养管理的基本原则

1. 分槽定位

依驴的用途、性别、老幼、体重、个性和采食速度分槽定位，以免驴相互争食。哺乳母驴的槽位要适当宽些，以便于幼驴吃奶和休息。

2. 定时定量

依不同季节确定饲喂次数，做到定时定量。冬季寒冷夜长，每天可分早、中、晚、夜饲喂4次；春、夏季可增加到5次；秋季天气凉爽，每天可饲喂3次。每次饲喂的时间和数量都要固定，使驴建立正常的条件反射。驴每天饲喂的总时间不应少于9小时。要加强夜间饲喂，前半夜以草为主，后半夜加喂精料。

3. 草短干净，先粗后精，少给勤添

喂驴的草要铡短，喂前要筛去尘土，挑出长草，拣出杂物。饲料粒不宜过大。每次饲喂要掌握先给草、后喂料，先喂干草、后拌湿草的原则。拌草的水量不宜过大，能使草粘住料即可。每顿草料要分多次投放（至少分5次）。采用这些方法的目的是增强驴的食欲，多吃草，不剩残渣。民间流传的"头遍草，二遍料，最后再饮到""薄草薄料，牲口上膘"等农谚，都是有益经验的总结。

4. 饲料多样，逐渐变更

饲料要多样化，做到营养全面。农谚所讲的"花草、花料，牲口上膘"，就是讲营养的互补作用。变更饲料切忌突然，应逐渐进行，因其会破坏原来的条件反射，使驴的消化机能紊乱而生病，如胃肠痛、便秘等。

5. 适时饮水、慢饮而充足

饮水对驴的生理起着重要作用，应做到让驴自由饮水、渴了就饮。大多数养殖户认为驴喝水越多，精神越好，即所谓"草膘，料力，水精神"。驴的饮水要清洁、新鲜，冬季水温以 8～12℃ 为宜。切忌驴运动后马上饮冷水，可让其稍事休息后，再饮一些水，要避免"暴饮和急饮"，要做到"饮水三提鞭"，以免发生腹痛，影响心脏健康。每次吃完干草后也可饮些水，但饲喂中间或吃饱之后不宜大量饮水，因为这样会冲乱胃内分层消化饲料的状态，影响驴的消化机能。饲喂中可通过拌草补充水分。待吃饱后过一段时间或至下槽前，再使其饮足水。一般每天饮水 4 次，天热时可增加到 5 次。

二 日常管理工作

舍饲驴一生的大半时间是在圈舍内度过的。所以圈舍的通风、保暖及卫生状况，对其生长发育和健康影响很大，因此要做好圈舍及日常管理工作。

1. 圈舍管理

圈舍应建在背风向阳处。内部应宽敞、明亮，通风干燥，保持冬暖夏凉、槽高圈平。要做到勤打扫、勤垫圈，每天至少在上午清圈 1 次，扫除粪便，垫上干土。经常保持圈舍内部清洁和干燥。所有用具放置整齐。圈内空气新鲜、无异味。每次喂完后必须清扫饲槽，除去残留饲料，防止其发酵变酸产生不良气味，降低驴的食欲。冬季圈舍温度不能低于8℃，夏季可将驴牵至户外凉棚下休息、饲喂，但不能拴在屋檐下和风口处，以防驴患病。

2. 皮肤护理

刷拭驴的身体能保持其皮肤清洁，促进血液循环，增进皮肤机能，有利于消除疲劳，且能及时发现外伤并进行治疗，有利于人驴亲和，防止驴养成怪癖。用刷子或草把从驴的头部开始，到躯干、四肢，刷遍驴体，对四肢和被粪便污染的部位可反复多刷几次，直到刷净为止。

3. 护蹄挂掌

驴蹄健全与否，直接影响其役用质量。平时注意护蹄是保持驴蹄正常机能的主要措施。长期不修蹄或护蹄不良易形成变形蹄或病蹄，影响驴体健康。应从以下三方面重视护蹄工作：

（1）平时护蹄 圈舍地面应平坦而干湿适度。过于潮湿和过于干燥都对驴蹄不利。要经常保持蹄部清洁，注意清理蹄底、蹄叉，同时应检查蹄部有无偏磨和损伤。

（2）削蹄 驴蹄外壳不断生长，每月约长出 1 厘米，必须适时削去过长的角质，否则既易使蹄变形，又易引起局部断裂，导致蹄病和跛行。按照蹄角质正常的生长和磨损，一般是 1.5～2 个月削蹄 1 次，或结合装蹄铁进行修削。

（3）装蹄铁 对一些重役驴，蹄壳磨损大于生长。为了防止蹄形不正或过多磨损，应为其装蹄铁（挂掌）。装蹄铁的原则是：蹄铁的大小与蹄的大小相适应，不能削足以适应蹄铁。对不正蹄形，提倡用特种蹄进行矫正。驴从 1.5 岁开始干活时，即可挂掌，首次挂掌对以后蹄子的发育影响很大。挂掌时，一定要削平，蹄铁要薄，蹄钉要细，蹄铁钉好后要四面见掌。铁尾要宽，以保护蹄踵（蹄后面）和防止蹄踵狭窄。种公驴在配种季节可不挂掌，或挂掌时不要凸出蹄铁尾，以免配种时伤害人和母驴。

4. 运动

运动是重要的日常工作，它可以促进代谢，增强驴体体质。尤其是种公驴，适当运动可以提高精液品质，也可使母驴顺产和避免产前不吃、妊娠浮肿等。运动量以驴体稍微出汗为宜。幼驴若拴系过早，则不利于它的生长发育，应让其自由活动为好。

5. 定期健康检查

每年应对驴至少进行 2 次健康检查和驱虫，及时发现疾病并治疗。

第二节　不同时期的饲养管理

一　种公驴的饲养管理

种公驴必须经常保持种用体况，不能过肥或过瘦，以具有旺盛的性欲和量多质优的精液，保证较高的受胎率。一般分为 4 个时期。

1. 准备期

配种开始前 1 ~ 2 个月为准备期。在此期间应对种公驴增加营养，减少体力消耗，积极为配种做好准备。准备期应相应地减少种公驴的运动和使役强度，以贮备体力。

（1）饲养 逐渐增加精饲料喂量，减少粗饲料的比例，精饲料应偏重于蛋白质和维生素饲料，如豆饼、胡萝卜和大麦等。配种前 3 周完全转入配种期饲养。

（2）管理 根据历年配种成绩、膘情及精液品质等评定其配种能力，以安排本年度配种计划。对每头种公驴都应进行详细的精液品质检查。每回检查应连续 3 次，每次间隔 24 小时。若发现不合格者，应查清原因，在积极改进饲养管理的基础上，过 12 ~ 15 天再检查 1 次，直到合格为止。精液品质不良的表现和应采取的措施见表 6-1。

表 6-1　精液品质不良的表现和应采取的措施

精液品质不良情况	采 取 措 施
精液量少	增加多汁饲料（青草、大麦、胡萝卜等）
精子活力差	适当运动，增加家畜性饲料
精子畸形率高	增加维生素类饲料，如胡萝卜、短大麦芽等；冷敷睾丸
精液中发现脓、血及异物等	应立即停止交配并进行诊断和治疗

2. 配种期

配种期种公驴一直处于性活动紧张状态，必须保持饲养管理的稳定性，不可随意改变其日粮和运动习惯。应经常保持种用体况。

（1）饲养 此期喂驴的粗饲料最好是用优质的禾本科和豆科（占比为 1/3 ~ 1/2）的混合干草。用青苜蓿或其他青绿多汁饲料（如野草、野菜、嫩树叶及人工栽培的牧草）喂驴，以补给生物学价值高的蛋白质、维生素和矿物质，有利于精子的形成和提高精子活力。无青草时可喂给胡萝卜和大麦芽，既能补充维生素又有调理胃肠道的作用。

精饲料可以燕麦、大麦、麸皮为主，以玉米、小米和高粱为辅，配合豆饼或豆类，如黑豆、大豆、豌豆等混合饲喂。其中小米不仅适口性强，而且对提高性欲和精液品质有良好效果。

在配种期，食盐、石粉等矿物质饲料是必不可少的，另外，对于配种任务大的种公驴还应喂给牛奶、鸡蛋或肉骨粉等家畜性饲料，以提高精液品质。

配种期公驴的饲料，应尽力做到多样化，同时每隔20天，就要调整日粮中精饲料组成的一部分，以增进食欲。

一般大型公驴在配种期每天应采食优质混合干草3.5~40千克，精饲料2.3~3.5千克，其中豆类占24%~30%，缺乏青草时，每天应补给胡萝卜1千克或大麦芽0.5千克。

(2) 管理　在配种、运动和饲喂以外的时间，尽量让种公驴在圈舍外自由活动，接受日光浴。夏天中午为防日晒可将种公驴牵入圈内休息。注意生殖器官的情况，以免引起炎症。用冷水擦拭睾丸，对促进精子的产生和增强精子的活力有良好的作用。

运动是增强种公驴体质、提高代谢水平和精液品质的重要因素。配种期应保持运动的平衡，不能忽轻忽重。运动方式以使役或骑乘锻炼均可。运动时间应每天保证1.5~2小时。但配种或采精前后1小时，应避免强烈运动。配种后应牵遛20分钟。

应有计划地合理利用种公驴。采精（配种）做到定时。健壮的种公驴每天交配或采精1次，每周休息1~2天，必要时可每天采精2次（2次间隔时间应不少于8小时），但不能连续2天以上。配种次数应随时根据精液品质的变化而定。喂饮后半小时之内不宜配种。配种期每天配种（或采精）2次的种公驴作息时间，见表6-2。

表6-2　配种期每天配种（或采精）2次的种公驴作息时间表

时　　间	饲养管理内容
3：30~4：30	检查温度、饮水、投草
4：30~5：30	早饲、投草
5：30~6：00	轻刷拭、准备运动
6：00~7：30	第一次运动
7：30~8：30	用草把刷拭，休息，准备采精

时　间	饲养管理内容
8：30～9：00	第一次配种或采精
9：00～10：40	休息或自由运动
10：40～11：40	饮水、投草
11：40～13：00	午饲、投草
13：00～15：00	自由运动、刷拭
15：00～16：00	第二次运动
16：00～16：30	刷拭、休息
16：30～17：00	第二次配种或采精
17：00～17：30	休息
17：30～18：00	检查温度、饮水、投草
18：00～19：30	夜饲、投草
22：00～22：30	饮水、投草

3. 体况恢复期

此期主要是恢复种公驴的体力，一般需1～2个月的时间。

（1）饲养　在增加青饲料的情况下，精饲料量可减至配种期的一半，少给蛋白质丰富的饲料（如豆饼等），多给清淡、易消化的饲料（如大麦、麸皮和青草等）。

（2）管理　应减轻运动量和强度，保持圈舍清洁通风、干燥，使种公驴保持安静。

4. 锻炼期

锻炼期一般为秋末、冬初，此时天高气爽，应加强运动，使种公驴的肌肉坚实、体力充沛、精神旺盛，为第二年配种打好基础。

（1）饲养　精料量比恢复期增加，以能量饲料为主。

（2）管理　以加强锻炼为主，逐步增加运动或使役强度和时间。

另外，种公驴要单间单槽饲喂，圈舍面积一般为9米^2，以便种公驴自由运动；在配种期每天刷拭2次，非配种期至少每天1次，结合刷拭，每天用温水洗和按摩睾丸15分钟，可以提高精子活力。

第六章　驴的饲养管理

133

二　繁殖母驴的饲养管理

繁殖母驴是指能正常繁殖后代的母驴，它们一般兼有使役和繁殖双重任务。养好繁殖母驴的标志是：膘情中等；空怀母驴能按时发情，发情规律正常，配种容易受胎；妊娠后胎儿发育正常，不流产；产后泌乳力强。

1. 空怀母驴的饲养管理

在当年配种开始前 1～2 个月提高饲养水平，喂给足量的蛋白质、矿物质和维生素饲料；适当减轻使役强度；对过肥的母驴，减少精饲料，增喂优质干草和多汁饲料，加强运动，使母驴保持中等膘情。配种前 1 个月，应对空怀母驴进行检查，发现有生殖疾病者要及时治疗。

2. 妊娠母驴的饲养管理

母驴受胎后头 1 个月内，胚胎在子宫内尚处于游离状态，遇到刺激，很容易夭折而被吸收，所以这段时间最好停止使役。妊娠 1 个月后，可照常使役。在妊娠后的 6 个月期间，胎儿实际增重很慢，从 7 个月后，胎儿增重明显加快，胎儿体重的 80% 是在最后 3 个月内完成的。所以，母驴妊娠满 6 个月后，要减轻使役，加强营养，增加蛋白质饲料的喂量，选喂优质粗饲料，以保证胎儿发育和母驴增重的需要。若有放牧条件，尽量放牧饲养，既可加强运动，又可摄取所需的各种营养。妊娠后期，由于缺乏青绿饲料，饲草质劣，如果精料太少，品种单纯，加上不使役、不运动，往往导致肝脏机能失调，形成高血脂及脂肪肝，产生的有毒代谢产物排泄不出，出现妊娠中毒，表现为产前不吃，死亡率相当高。为预防此病的发生，从妊娠后半期开始，要及早按发育胎儿需要的大量蛋白质、矿物质和维生素适当调配日粮，种类多样化，补充青绿多汁饲料，减少玉米等能量饲料，喂给易消化、有轻泻作用、质地松软的饲料。产前几天，草料总量应减少 1/3，多饮温水，每天牵遛。

在母驴整个妊娠期间的管理上要十分重视保胎、防流产工作。母驴的早期流产多发于"三秋"大忙、农活繁重的季节；后期多因冬春寒冷、吃霜草、吃发霉变质饲料、饮冰水、受机械损伤、驭手打冷鞭、打头部等容易引起流产。产前 1 个月，更要注意保护和观察；体型小的母驴，骨盆腔也小，在怀骡驹的情况下，更易发生难产，故需兽医助产。因此，当开始发现产前征兆时，最好送附近兽医院待产。

3. 哺乳母驴的饲养管理

（1）母驴分娩前的准备工作　北方早春气候寒冷，因此驴场要设有产房。产房要温暖、干燥，无"贼风"，光线要充足。产前1周要把产房打扫好，地面用石灰消毒，铺上垫草。加强护理，注意观察母驴的临产表现。提前准备好接产用具和药品，如剪刀、热水、药棉、毛巾、消毒药品等。若无接产条件，可请兽医接产。

（2）母驴的接产与护理　母驴多在半夜时产幼驴。正常情况下，母驴产幼驴不需助产。母驴大多躺着产幼驴，但也有站立产幼驴的。因此要注意保护幼驴，以免摔伤。若需要助产，要及时请兽医处理。

幼驴头部露出后，要用毛巾将幼驴鼻内的黏液擦干净，以免黏液被吸入肺内。幼驴产出后，若脐带未断，接产人员可手握住脐带向幼驴方向捋挤，使脐带内血液流向幼驴。然后，在距幼驴腹壁2~3指处用手掐断，立即用高浓度碘酊棉球充分涂抹脐带断端。若用手捏止不住流血，再用消毒的线绳结扎。

断脐后，应及时将幼驴移近母驴头部，让母驴舔幼驴，以增强母子感情，促进母驴泌乳和排出胎衣。产后1小时，胎衣可以完全排出，应立即将胎衣和污染的垫草清除，做深埋处理。若5~6小时胎衣仍未排出，应请兽医处理。

对假死亡的幼驴要及时进行抢救。首先迅速把幼驴口、鼻中的黏液或羊水清除掉，使其仰卧在前低后高的地方，手握幼驴的前肢，反复前后屈伸，用手拍打其胸部两侧，促使幼驴呼吸，也可向幼驴鼻腔吹气，或用草棍间断刺激鼻孔，都可使假死幼驴复苏。

产驴后，用无味的消毒水消毒（如0.5%高锰酸钾液），彻底洗净并擦干母驴乳房，让幼驴吃乳。

用2%来苏儿消毒、洗净并擦干母驴外阴、尾根、后腿等被污染的部位。产房内换上干燥、清洁的垫草。

母驴分娩后，多不舔舐新生驴身上的黏液。接产人员在扯断脐带、用碘酊消毒后，应擦干幼驴身上的黏液，并辅助其尽快吃上初乳。若为骡驹，为防止发生溶血病，在未做血清检验时应暂停吃初

乳，并将初乳挤出，给骡驹补以糖水和奶粉，1天后乳汁正常时方可让骡驹吃乳。

4. 哺乳母驴的饲养管理

哺乳期，饲料中要有充足的蛋白质、维生素和矿物质。混合精饲料中豆饼应占30%~40%，麸类占15%~20%，其他为谷物性饲料。为了提高泌乳力，应多补饲青绿多汁饲料如胡萝卜、饲用甜菜、土豆或青贮饲料等。有放牧条件的应尽量利用，这样不但能节省大量精饲料，而且对泌乳量的提高和幼驴的生长发育有很大的作用。另外，应根据母驴的营养状况、泌乳量酌情增加精饲料量。哺乳母驴的需水量很大，每天饮水不应少于5次，要饮好、饮足。

在管理上，要注意让母驴尽快恢复体力。产后10天左右，应注意观察母驴的发情情况，以便及时配种。母驴使役开始后，应先让其干些轻活、零活，以后逐渐恢复到正常劳役量。在使役中要勤休息，一方面可防止母驴过分劳累，另一方面还可照顾幼驴吃乳。一般约2个小时休息1次。否则不仅会影响幼驴发育，而且会降低母驴的泌乳能力。初生至2月龄的幼驴，每隔30~60分钟即吃乳1次，每次1~2分钟，以后可适当减少吃乳次数。

三　幼驴的饲养管理

幼驴的培育，是提高驴繁殖成活率的重要生产环节，也是驴种改良、提高质量和效益的重要技术手段。若幼驴发育不良，不仅影响了驴的种用价值，也直接影响到肉驴的生产效益。所以，科学合理地培育幼驴是一项十分重要的工作。

1. 幼驴的生长发育规律

幼驴从出生到满3岁，是生长发育最快的阶段。这段时间体内代谢非常旺盛，可塑性强，体尺、体重和体内各系统、各器官都以不同速度迅速增长。满3岁时，体格发育基本定型。幼驴从出生到满3岁这个生长阶段的发育情况好坏，决定其成年后的经济价值和利用价值。

在正常饲养条件下，幼驴从出生到性成熟期的生长比较迅速，年龄越小，生长发育速度越快。性成熟后，生长发育速度逐渐转慢。到成年时，则停止生长。幼驴从出生到2岁以内，每增重1千克体重所消耗的饲料是最少的，也就是说每千克饲料所换得的体重增长报酬最多。因此，加强早期饲养，经济上合算。

如果在 1~2 岁期间，因饲养条件不好，使其生长发育受阻，那么到 2 岁以后，就算是加双倍的饲料，也无法弥补 2 岁以前阶段发育上的不足。

幼驴出生时，其体高已达到成年驴体高的 1/2 以上，而体重仅是成年驴体重的 1/10。从出生到 6 月龄为哺乳期，是生后发育最快的时期，体高的增长相当于生后体高增长的一半，体重的增长相当于从出生到成年总增重的 1/3。

幼驴从断奶到 1 岁，体高已达成年驴的 90% 以上，体重达到成年驴的 60% 左右；2 岁时，体高和体重已分别达到成年驴的 94% 和 70% 以上，公母驴均已达到性成熟。满 3 岁时，体高和体重分别达到成年驴的 96% 和 77% 以上，体格定型，性功能完全成熟，可繁殖配种，开始正常使役。4~5 岁这两年，体重还有小幅增长。

2. 哺乳幼驴的饲养管理

（1）饲养

1）尽早吃足初乳。幼驴出生后半小时就能站起来找奶吃。接产人员应尽早引导幼驴吃上初乳。若产后 2 小时幼驴还不能站立，要挤出初乳喂养，每 2 小时喂 1 次，每次 300 毫升。

2）早期补饲。幼驴的哺乳期一般为 6 个月，该阶段是幼驴生后生长发育快和改变生活方式的阶段。这一时期的生长发育好坏，对将来的经济价值关系极大。1~2 月龄的幼驴，因其体重较小，母乳基本可以满足它的生长发育需要。随着幼驴的生长发育，对营养物质的需求增加，单纯依靠母乳则不能满足需要，所以应尽早补饲，使幼驴习惯采食饲料，以弥补营养不足和刺激消化道的生长发育。

幼驴生后半个月，便可随母驴试吃草料。生后 1 月龄时应开始补料，此时幼驴的消化能力较弱，要补饲品质好、易消化的饲料。最初用炒豆或煮至八成熟的小米或大麦麸皮粥，单独补饲；到 2 月龄时，逐渐增加补饲量。具体补饲量应根据母驴的泌乳量和幼驴的营养状况、食欲及消化情况灵活掌握，粗饲料用优质禾本科干草或苜蓿干草，也可随母驴放牧。

补饲时间应与母驴饲喂时间一致。但应单设补饲栏以免母驴争

食。幼驴应按体格大小分槽补饲。个别瘦弱的要增加补饲次数以使其生长发育赶上同龄驴。

管理上应注意幼驴的饮水需要。最好在补饲栏内设水槽，经常保持有清洁饮水。经常用手触摸幼驴，搔其尾根，用刷子刷拭驴体以建立人驴亲和，为以后的调教打下基础。

3）无乳幼驴的养育。无乳幼驴指母驴产后死亡或奶量不足或产后无乳母驴的幼驴。饲养无乳幼驴最好是找代哺的母驴，其次是用代乳品。若代乳母驴拒哺，可在母驴和幼驴身上喷洒相同气味的水剂，然后由人工帮助诱导幼驴吮乳。代乳品通常用牛奶、驴奶。因牛奶含脂肪量高于驴奶，补饲时应脱去脂肪（撇去上层一些脂肪）加水稀释（1:1），并加少许糖，成为近似驴乳的营养品，温度保持35~37℃，每1.5~2小时喂1次，以后可逐渐减少。若给幼驴饮不经调制（稀释加糖）的牛奶、驴奶，往往会引起消化不良，发生肠炎，严重时导致下痢，有的甚至脱水死亡。

4）适时断奶，全价饲养。哺乳幼驴断奶及断奶后经过的第一个越冬期，是幼驴生活条件剧烈变化的时期。若断奶和断奶后饲养管理不当，常引起营养水平下降，发育停滞，甚至患病死亡。幼驴一般在6~7月龄时断奶，断奶过早，影响其生长发育；反之，又影响母驴体内胎儿的生长发育，甚至损害其健康。断奶前几周，应给幼驴吃断奶后饲料。断奶应一次完成。刚断奶时，幼驴思念母驴，不断嘶鸣，烦躁不安，此时应加强管理，昼夜值班，同时给以适口、易消化的饲料，如胡萝卜、青苜蓿、禾本科青草、燕麦、麸皮等。由于幼驴断奶后的第一年生长发育较快，日增重达0.3千克。所以对断奶后的幼驴应给予多种优质草料配合的日粮，其中精饲料量应占1/3（作为肉用的幼驴精饲料量应更高），且随年龄的增长而增加。至1.5~2岁性成熟时，精饲料量应达成年驴水平。对公驴来讲，其精饲料量还应额外增加15%~20%，且精饲料中应含30%左右的蛋白质饲料。粗饲料应以优质青干草为主，有放牧条件的可以放牧。

5）供给洁净饮水。必须为幼驴随时供应清洁的饮水。

（2）管理

1）加强驯致和调教。

① 驯致是通过不断接触幼驴而影响幼驴性情，建立人驴亲和，

是调教工作的基础。驯致从幼驴哺乳期就应开始，包括轻声呼唤、轻抚幼驴、用刷子刷拭，以及以食物为诱惑，促使其练习举肢、扣蹄、戴笼头、拴系和牵行等。

② 调教是促进幼驴生长发育、锻炼和加强体质、提高其生产性能的主要措施。肉驴不必调教。

2）防止早配、早役。目前早役、早配现象普遍存在。虽然这样做可得到一时的好处，但因影响发育而产生的利用价值和经济方面的损失更大。正确的做法应该是按照驴的生长发育规律，母驴配种不要早于 2.5 岁，正式使役不要早于 3 岁。公驴配种可从 3 岁开始，5 岁以前使役、配种都应适量。

3）其他管理措施。加强刷拭和护蹄工作，每月削蹄 1 次，以保持正常的蹄形和肢势；加强运动，运动时间和强度要在较长的时间里保持稳定，运动量不足，幼驴体质虚弱，精神萎靡，影响生长发育；1.5 岁时，应将公母驴分开，防止偷配，并开始拴系调教；2 岁时应对无种用价值的公驴进行去势（肉驴应在育肥开始前去势）。

第三节　肉驴的育肥

肉驴育肥就是科学地应用饲草饲料和管理技术，以较少的饲料和较低的成本在较短的时间内获得较高的产肉量和营养价值高的优质驴。各个年龄阶段或不同体重的驴都可用来育肥。要使驴尽快育肥，供给驴的营养物质必须高于其正常生长发育需要，所以育肥又叫过量饲养。

一　影响育肥效果的因素

1. 品种

不同品种的驴，在育肥期对营养的需要有较大差别。一般说，肉用品种的驴得到相同日增重所需要的营养物质低于非肉用品种。

2. 年龄

不同生长阶段的驴，在育肥期间所要求的营养水平也不同。通常，单位增重所需的营养物质总量以幼驴最少，老龄驴最多。年龄越小，育肥期越长，如幼驴需要 1 年以上。年龄越大，则育肥期越

短，如成年驴仅需 3～4 个月。

3. 环境温度

环境温度对育肥驴的营养需要和日增重影响较大。驴在低温环境中，饲料利用率下降。当在高温环境中时，驴的呼吸次数增加，采食量减少，温度过高会导致停食，特别是育肥后期的驴膘较肥，高温危害更为严重。根据驴的生理特点，适宜的温度为 16～21℃。

4. 饲料种类

饲料种类的不同，会直接影响到驴肉的品质。饲养调控是提高驴肉产量和品质的最重要手段。饲料种类对肉的色泽、味道有重要影响。如以黄玉米育肥的驴，肉及脂肪呈黄色，香味浓；饲喂颗粒状的干草粉和精饲料，能迅速在肌肉纤维中沉积脂肪，并提高肉品质；多饲喂含铁量多的饲料则肉色深；多喂养麦则肉色浅。

二 肉驴育肥技术的基本内容

1. 育肥的各类饲料比例

饲喂肉驴日粮中粗饲料和精饲料的比例，可参考以下指标。

① 育肥前期：粗饲料 55%～65%，精饲料 35%～45%。

② 育肥中期：粗饲料 45%，精饲料 55%。

③ 育肥后期：粗饲料 15%～25%，精饲料 75%～85%。

2. 肉驴育肥的营养模式

肉驴在育肥全过程中，按营养水平，可分为 5 种模式：一是高高型。从育肥开始至结束，全程高营养水平。二是中高型。育肥前期中等营养水平，后期高营养水平。三是低高型。育肥前期低营养水平，后期高营养水平。四是高低型。育肥前期高营养水平，后期低营养水平。五是高中型。育肥前期高营养水平，后期中等营养水平。

一般情况下，肉驴育肥采用前三种模式，特殊情况时才采用后两种模式。

3. 出栏体重与饲料利用率

出栏体重由市场需求而确定。出栏体重不同，饲料消耗量和利用率也不同。一般规律是，驴的出栏体重越大，饲料利用率就越低。

4. 出栏体重与肉品质

同一品种中，肉品质与出栏体重有密切的关系。出栏体重小的驴肉品质不如出栏体重大的驴肉品质。目前，我国尚无标准，可参考牛的肉质标准。

5. 补偿生长

驴在生长发育过程中，在某一阶段因某种原因，如饲料供应不足、饮水量不足、生活环境条件突变等，造成驴生长受阻，当驴的营养水平和环境条件适合或满足其生长发育条件时，则驴的生长速度在一定时期内会超过正常水平，把生长发育受阻阶段损失的体重弥补回来，并能追上或超过正常生长的水平，这种特性称为补偿生长。

能否利用补偿生长的原理达到节省饲料、节约饲养成本的目的，取决于驴生长受阻的阶段、程度等，即补偿生长是有条件的，运用得当可以大获利益，运用不当时，则会受到较大损失。补偿生长的条件：一是生长受阻时间不超过6个月；二是幼驴及胚胎期的生长受阻，补偿生长效果较差；三是初生至3月龄时所致的生长受阻，补偿生长效果不好。

6. 最佳育肥结束期

判断肉驴育肥最佳结束期，不仅有利于养驴者节约投入、降低成本，而且对保证肉品质有极重要的意义。一般有以下几种方法：

1）饲料的采食量。在正常育肥期，肉驴的饲料采食量是有规律可循的，即绝对日采食量随育肥期的增重而下降。如果下降量达正常量的1/3或更少，按活重计算日采食量（以干物质为基础）的15%或更少，这时已达到育肥的最佳结束期。

2）育肥肥度指数。用育肥肥度指数来判断最佳育肥结束期，可参考肉牛的指标，即利用活驴体重与体高的比例关系来判断，指数越大，肥度越好，但不是无止境的。据报道，育肥肥度指数以526为最佳，计算公式如下：

$$育肥肥度指数 = (体重/体高) \times 100$$

3）肉驴体型外貌。从肉驴体型外貌来判断检查。判断的标准为：脂肪沉积的部位是否有脂肪及脂肪量的多少；脂肪不多的部位的沉积脂肪是否厚实、均衡。

第六章 驴的饲养管理

三 不同驴的育肥技术

1. 幼驴育肥技术

驴育肥是否成功，取决于对育肥驴本身生产性能的选择、育肥期的饲养管理技术、饲养和环境条件、市场需求的质与量，以及经营者的决策水平。

（1）幼驴育肥的饲料 育肥前期日粮以优质精料、干粗料、青贮饲料、糟渣类饲料为主；育肥后期以生产优质品和产量高的驴肉为主要目标，提高胴体质量，增加瘦肉产量。

（2）幼驴育肥模式设计 幼驴育肥在设计增重速度时，要考虑3个方面，即胴体脂肪沉积适量、胴体体重较大和饲养成本低。因品种的不同，设计的增重速度也要不同。

（3）幼驴育肥管理技术 幼驴育肥时应群养，无运动场，任其自由采食，自由饮水，圈舍应每天清理粪便1次，及时驱除体内外寄生虫，进行防疫注射，使用增重剂或促生长剂。采用有顶棚、大敞口的圈舍或采用塑料薄膜暖棚圈技术；及时分群饲养，保证驴生长发育均匀；及时变换日粮，对个别贪食的驴限制采食，防止脂肪沉积过度，降低驴肉品质。

2. 青年驴育肥技术

（1）精料型模式 实施精料型育肥模式必须考虑适宜的驴品种，这是实行短期育肥的重要条件，使用的驴品种要有较高的生产效益和生产利润；实施精料型育肥模式应以精饲料为主，粗饲料为辅；该育肥模式可以大规模，便于多养，满足市场不同档次的需要，同时应克服饲料价格、架子驴价格、技术水平和屠宰分割技术等限制因素。

（2）前粗后精模式 前期多喂粗饲料，精饲料相对集中在育肥后期，这种育肥方式常在生产中被采用。前粗后精的育肥模式，可以充分发挥驴补偿生产的特点和优势，获得满意的育肥效果。

在精料型日粮中，粗饲料的功能是以促进驴胃肠蠕动为主，而在前粗后精型日粮中，粗饲料的功能是肉驴的主要营养来源之一。因此，要特别重视粗饲料的饲喂。将多种粗饲料和多汁饲料混合饲喂，效果较好。前粗后精育肥模式中，前期一般为150～180天，粗饲料占30%～50%；后期为8～9个月，粗饲料占20%。

（3）**糟渣类饲料育肥**　糟渣类饲料是肉驴饲养业中粗饲料的重要来源，合理地进行利用，可以大大降低肉驴的生产成本。糟渣类饲料可以占日粮总营养物质的35%~45%。糟渣类饲料在鲜重状态下具有含水量高、体表面积大、营养成分含量低、受原辅料变更影响大、不易贮存、适口性好和价格低廉等特点。饲喂肉驴时应注意：一是不宜把糟渣类饲料作为日粮的唯一粗饲料，应和干粗料、青贮料配合；二是长期使用白酒糟时应在日粮中补充维生素A，每天每头补充1万~10万国际单位；三是糟渣类饲料应与其他饲料要搅拌均匀后饲喂；四是糟渣类饲料应新鲜，发霉变质的糟渣类饲料不能使用。若需贮藏，则以窖贮效果为好。

（4）**放牧育肥模式**　在有可利用草场的地区，采用放牧育肥，也可收到良好的育肥效果。但也要合理组织，做好技术工作。一是合理利用草场，充分利用草场资源。南方可全年放牧，北方可在5~11月放牧，11月至次年4月舍饲；二是合理分群，以草定群，依草场资源性质合理分群，每头驴占20~30米^{2}的草场；三是定期驱虫、防疫；四是补饲精料，保证充足饮水。放牧期间夜间补饲混合饲料，每头驴每天补饲混合精料量为活重的1%~1.5%，补饲后要保证充足饮水。

3. 成年架子驴的育肥

成年架子驴指的是年龄超过4岁、淘汰的公母驴和役用老残驴。这种驴育肥后的肉质不如青年驴育肥后的肉质，脂肪含量高。饲料报酬和经济效益也较青年驴差，但经过育肥后，经济价值和食用价值还是得到了很大的提高。

成年架子驴的快速育肥分为两个阶段，时间为65~80天。

（1）**成熟育肥期**　此期为45~60天。这一时期是驴育肥的关键时期，要限制运动，增喂精饲料（粗蛋白质含量要高些），增加饲喂次数，促进增膘。

（2）**强度催肥期**　一般为20天左右。目的是通过增加肌肉纤维间脂肪沉积的量来改善驴肉的品质，使之形成大理石状瘦肉。此期日粮营养成分含量可适当再提高，尽量设法增加驴的采食量。

成年架子驴的育肥一定要加强饲养管理。公驴要去势。待育肥的驴要驱虫。饲喂优质的饲草饲料，减少运动，注意厩舍和驴体卫生。

若是从市场新购来的驴，为减少应激，要有 15 天左右的适应期。刚购来的驴应多饮水，多给草，少给料，3 天后再开始饲喂少量精料。

4. 高中档肉驴的生产——青年架子驴的育肥

这种驴的年龄为 1.5 ~ 2.5 岁。育肥期一般为 5 ~ 7 个月，2.5 岁以前育肥应当结束，以形成大理石状或雪花状的瘦肉。

驴场自繁自养的除外，对新引进的青年架子驴，因长途运输和应激强烈，体内严重缺水，所以要注意水的补充，给予优质干草，2 周后可恢复正常。对这些驴要根据强弱、大小分群，注意驱虫和日常的管理工作。

饲喂的方法分自由采食和限制饲喂。前者工作效率高，适合于机械化管理，但不易控制驴的生长速度；后者饲料浪费少，能有效控制驴的生长，但因受制约，影响驴的生长速度。总的来说，自由采食法比限制采食法理想。

为生产高、中档驴肉，青年架子驴除适应期外，一般把育肥期分成生长育肥期和成熟育肥期两个阶段，这样既节省精料，又能获得理想的育肥效果。

生长育肥期重点是促进架子驴的骨骼、内脏、肌肉的生长。要饲喂富含蛋白质、矿物质和维生素的优质饲料，使青年驴在保持生长发育的同时，消化器官也得到锻炼。此阶段能量饲料要限制饲喂。育肥时间为 2 ~ 3 个月。

成熟育肥期这一阶段的饲养任务主要是改善驴肉品质，增加肌肉纤维间脂肪的沉积量。因此，日粮中粗饲料的比例不宜超过 30% ~ 40%，饲料要充分供给，以自由采食效果较好。育肥时间为 3 ~ 4 个月。

四 提高育肥驴生长速度的方法

肉驴的生长速度主要受品种、管理、环境和饲料等多方面的影响。在饲料方面，应选择易消化吸收的饲料原料，并且保证各种营养成分的平衡，还可以综合使用各种饲料生物技术来提高肉用动物的生长速度。

（1）微生态制剂 微生态制剂可通过饲料或饮水添加（如以产

酶为主的芽孢杆菌），其进入肉驴肠道后，与肠道内有益菌一起形成强有力的优势菌群，抑制和消灭致病菌群，同时可分泌与合成各种消化酶、维生素和促生长因子等物质，改善消化功能，提高饲料转化率，对肉驴产生免疫、营养和生长刺激等多种作用，达到防病、提高成活率和促进肉驴生长的目的。

（2）酶制剂　针对不同的驴品种、日龄内源酶分泌不足和日粮类型而选择适当的酶制剂可提高肉驴的生长速度。如幼驴内源酶分泌不足，可添加淀粉酶、蛋白酶和脂肪酶等；针对饲料中抗营养因子可添加非淀粉多糖酶和植酸酶等，如可在小麦豆粕型日粮中添加木聚糖酶和葡聚糖酶等，添加量应随着小麦添加比例的增加而提高。

（3）功能性肽蛋白　在日粮中添加功能性肽蛋白可明显提高肉驴对蛋白质的消化吸收，还能提高机体的抗氧化能力、免疫功能，促进肠道有益菌的增殖，抑制有害菌的增殖等，从而可提高肉驴的生长速度、瘦肉率和屠宰率。

在实际生产中，可根据具体情况（动物、饲料及环境）综合使用微生态制剂、酶制剂、功能性肽蛋白等，从而最大限度地提高肉驴的生长速度。

第六章

驴的饲养管理

第七章
驴的屠宰与产品加工

一　屠宰方法

驴（肉驴或役用淘汰驴）的屠宰一般采用两种方法，即传统屠宰法和颈动脉放血屠宰法。

1. 传统屠宰法

传统屠宰法是把驴放倒后，四肢用绳束紧，注意使驴的后躯稍高于前躯，头朝后用力固定住。用净水把喉头下方的皮肤、被毛洗净，用刀把两侧颈动脉和颈静脉全部切断，注意不要割断食道和气管，经充分放血后可致死。驴血量约占体重的8%，可将一个较大的干净铁盆盛满。据驴的体重先加入清洁凉水5~7千克，然后按水加血总量的1%~2%放入食盐，搅匀使其溶解，置于驴颈放血处的下面，当驴血流出后，用干净的手不断搅拌，使血、水充分混匀，放血完后将所接的血分成若干小盆，每盆重1~2千克，或切成10厘米左右见方、厚5厘米的血块，放入80~90℃（勿使沸腾）的热水中煮熟待售。

2. 颈动脉放血屠宰法

颈动脉放血屠宰法是把驴四肢束住后，将颈部剃毛消毒，以无菌手术法，在颈部上1/3静脉沟上方纵行切开皮肤，在其下方分离出颈动脉。在分离出的静、动脉上下相距约10厘米处各用一把止血钳钳住，然后纵切一小口直至动脉管壁的内皮，把灭菌的放血导管插入向心端的动脉血管内，用丝线把血管与放流导管扎紧，取掉近心端的止血钳，使血液沿装血瓶的壁流出，以免泡沫产生。

> ⚠️ 【注意】　驴血是可口的食物，可炒，可烧汤，也可做成血肠。驴血也是吃火锅的好原料，爽口、不腻、营养丰富，有补血功效；烘干后可制成血粉，用于畜禽制作动物性蛋白饲料。

二　烫毛

驴放血致死后，用 95～98℃ 的热水浇烫全身 3～4 次，当驴毛能拔下时，迅速拔掉全身被毛，不净处用拔下的毛团经手揉搓即可退掉，少数不掉者用刀刮除。头、小腿的毛也要拔掉，然后用凉水浇淋冲洗后，再用刀对全身皮肤刮一遍，以去掉皮上的一切污物。从喉头处割去头，腕关节处割去前脚，跗关节处割去后脚，连皮带肉从骨上剔下。

> ⚠️ 【注意】　用水烫毛时，一边浇水一边拔毛，当毛能拔掉时应停止浇水，若烫过度了，毛反而拔不掉。拔毛后全身皮肤应再用刮刀刮一遍，然后用冷水冲净。剔骨时应尽量使肉成大块，以便分割。

三　剥皮

驴放完血进行剥皮、剔骨之后，进一步加工，有些屠宰厂则是烫毛剔骨连皮肉一起加工或销售。

1. 剥皮、开膛、去内脏、去头、去蹄

驴放血致死后，剥皮加工是最常用的方法。先将驴尸仰放，驴背两侧用圆木垫好，或放入挖有小地沟的槽内，以免发生侧倒。从颈部喉头处沿腹中线向后切透皮肤直到肛门或阴门处（公驴应绕过阴茎）。然后，分别从前后肢沿内侧切开皮肤至腕（跗）关节处做一环形开口。以剥皮刀剥开胸部皮肤后，其他部位可以用拳头冲开。不能冲开处再用剥皮刀划开即可。剥皮后去头、去蹄、去内脏，并把骨头上的肉剔下。

2. 剥皮操作注意事项

剥皮时尽可能不污染肌肉；刮除皮上肌肉或油脂；勿划破腹腔

内的脏器，特别是肠管、肛门部，以免肌肉被胃肠内容物污染。

第二节　分割肉的加工

所谓分割肉是指屠宰后经过兽医卫生检验合格的胴体，按不同部位肉的组织结构分割成不同规格的肉块，经冷却、包装后的加工肉。我国分割肉的加工主要是进行猪肉的分割加工，近些年也开始进行高档优质牛肉、驴肉的分割。

一　驴肉的膘度分级

驴肉按年龄分为驴驹肉和成年驴肉。成年驴肉中的青年驴肉细嫩鲜美、脂肪少。成年驴中的壮龄和老龄驴肉，肌纤维相对粗些，肥育后脂肪沉积多。成年驴肉的膘度可分为一等膘、二等膘、三等膘和瘦驴肉，分级标准见表7-1。

表7-1　驴肉的膘度分级

分　级	标　准
一等膘（上等膘）	胴体肌肉发育良好，除鬐甲外骨骼不凸出，脂肪在肌肉组织间隙，并均匀遍布在皮下，主要存脂部位（鬣床、尻部、腹壁内侧）肥厚
二等膘（中等膘）	肌肉发育一般，骨骼突出不明显，主要存脂部位不太肥厚
三等膘（下等膘）	肌肉发育不太理想，第一至第十二对肋骨和脊椎棘突外露明显，皮下脂肪和内脂均呈不连接的小块
瘦驴肉	肌肉发育不佳，骨骼凸出尖锐，没有存脂，一般不适于加工

二　驴胴体的分割

胴体上不同的部位，肉的品质不同，表现在形态上和化学成分上都有差别，因而其加工制品的质量也不同，如烤肉、热肠、香肠、灌肠、熏肉和罐头等都是由不同部位的肉制成的。

应按形态结构和食品要求对驴胴体进行等级分割，以期获得相同质量的不同部位的驴肉，使得工业加工和商品出售能够合理地利用胴体。

一般说来，驴的肋腹肉和髋床肉脂肪丰富。后躯肉肌肉丰富，脂肪含量中等，结缔组织不很多。后躯肉中还包括了以腰部为主的一些细嫩肉。肩部、上膊部、颈部的肌肉中，贯穿了许多结缔组织而缺乏脂肪。前膊部和胫部肌肉中的营养物质相对较差一些。

三 分割肉的加工条件和要求

分割肉的加工，要求在比较好的条件下进行，才能保证分割肉的质量。要求有宽敞的场地、良好的卫生条件、适宜的温湿度和高质量的原料肉。

1. 生产场地

分割肉加工车间的设置应符合厂房设计的总体布局和流水线作业要求，多采用封闭式和矩形车间。其具体要求如下。

（1）车间地面　地面采用 300 标号以上的水泥铺设的水泥地面，不宜采用水磨石地面。地面要求平整、清洁，有一定的斜度，不积水，有排水明沟，沟的流水方向与生产流水线方向相反。车间的屋角、墙角、地角均应为弧形，窗台为坡形，最好与水平成45°角。

（2）内墙　内墙面的墙裙一般采用白色瓷砖，铺设高度在 3 米以上或冲顶。车间的天花板、门窗的粉刷应采用便于清洗消毒且不易脱落的无毒浅色涂料，如过氯乙烯等。门除加纱窗外，可采用暗室套门或二进门，进出为"Z"字形，门朝外拉。

（3）车间内设施　车间内应有通风、降温控温设备，加工车间的温度应维持在 18 ~ 20℃，相对湿度为 65% ~ 75%。湿度过高，易出现白肌；湿度过低则不利于生产，都会影响分割肉的质量和出肉率。车间内要光线要充足，一般装有日光灯。此外，车间内还要有冲水、消毒、防晒、防蝇、防鼠等设施。

（4）辅助设施　设有与生产车间相接，与生产人数相适应的更衣室、卫生间和工间休息室。车间的进口有不用手开关的洗手设备和消毒池。生产加工车间还要有 82℃ 以上的热水管，用于设备和操作台面的杀菌消毒，同时要有与生产能力相配套的成品间和包装间，其室温要求控制在 0 ~ 4℃，相对湿度在 75% 左右。在质量关键工序点，应设置质量管理点。

（5）不同级别的加工生产线　车间内应设一级肉、二级肉、三

级肉的3条操作台或加工线，应平行排列。各行间距离要适当，一般相邻两条生产线的间距以1.5~2米为宜，两端的生产线也应与平行墙面相距2~2.5米。

（6）其他设备 切片机、工作台面及其他设备需用不锈钢或铝合金材料，配备有与生产能力相适应的工器具和推车，禁用竹木器具，输运带也应使用不锈钢制造。

2. 卫生要求

分割肉加工的卫生条件要求极为严格，特别应注意以下几个方面：第一，各种容器、器具、操作台面、机械设备等，如切片机、扯肩胛骨机等，使用前后要严格清洗消毒。一般采用过氧乙酸、福尔马林（0.5%）和漂白粉溶液（3%~5%），随配随用，不宜久存。过氧乙酸有A、B两种，混合使用效果较好，混合比例以A：B为8：10或10：12为宜。方法是两种过氧乙酸在使用前先按比例混合好，使用前稀释到所需浓度。用于设备、器具等消毒时，浓度为1%~3%。采用过氧乙酸消毒是较好的方法，这种消毒剂无毒无残留，消毒后分解为乙酸、氧气和水，比较安全。第二，加工车间的地面消毒，每班生产完毕后，都应对地面进行清洗消毒，使用2%~4%过氧乙酸消毒较好。

3. 原料肉

分割肉的原料要求符合《中华人民共和国食品安全法》《中华人民共和国动物防疫法》《肉类加工冷藏企业兽医卫生管理办法》等法规质量要求。原料驴必须来自非疫区，且经兽医宰前检疫、宰后检验合格。

经屠宰加工后的胴体必须清洁干净才能进入分割前的降温间冷却，以降低胴体表面的温度。

四 分割肉的加工工艺

分割肉加工的工艺大体上可分为鲜肉的预冷、半胴三段锯分、分割剔骨、检验、快速冷却、包装和冻结冷藏7个过程。

1. 鲜肉的预冷

目前，国内外关于分割肉的加工方法有两种。一种是冷剔骨法。其方法是将检验合格的胴体鲜肉，冷却到0~7℃后再分割加工。该方法的优点是能很快抑制微生物的活动，减少细菌的污染，产品质量好。但有肥膘的剥离、剔骨、修整都比较困难，肉出品率低，损耗大，肌膜易于破裂，刀伤肌膜严重，色泽较差，包装不方便等缺点。因此，这种方法在我国目前未能采用，而国外由于设备先进采用此方法较多。近年来，国内某些肉品加工专家，也提倡使用此种方法。另一种方法是热剔骨法。该方法是将屠宰后的 35～38℃ 的热胴体鲜肉，立即送入分割间进行加工。这种方法的优点是操作方便，出肉率高，易于修整，肌膜完整。但是，由于原料肉和室外温度都高，容易受到微生物的污染，使肉质下降，不易保存，容易出现表面发黏、色泽恶化等腐败现象。同时，大量的热鲜肉进入分割间，使分割间热负荷增大，室内温度不易控制。

鉴于以上两种分割加工方法的特点，结合我国的实际生产条件，采用两段式冷却的综合法加工分割肉。第一，将屠宰后的热鲜肉，从滑道输送到分割肉的预冷间，用吊顶式冷风机使库内温度降到 0℃，冷却 3 小时左右。使胴体从初温 38℃ 冷却到中心温度 20℃ 左右（产品的平均温度以表面和中心温度的算术平均数计算）。当空气流动速度达 1.5～2 米/秒时，胴体肉的平均温度为 10℃ 左右，然后送入分割间进行分割。经实践证明，处于这种状态下的肉进行分割，能确保产品的嫩度，不会产生遇寒冷收缩现象。屠宰后的胴体进行冷却时，若温度下降太快，肌肉会发生十分强烈的收缩现象，出现这种状态的肉成熟时不能产生软化的性质，进而降低肉的嫩度。第二，可以抑制微生物的生长繁殖。刚屠宰的鲜肉，若立即分割剔骨，会不可避免地发生接触感染，细菌加快繁殖，很快肉品表面会发黏，影响产品质量。当冷却至平均温度 10℃、中心温度 20℃ 时，在室温 20℃ 条件下进行剔骨，操作方便，损耗较少，劳动效率高，经济效益好。第三，冷却到温度为 10℃ 左右的分割剔骨肉，冻结后色泽鲜艳，包装成品紧凑，无冰霜、血块等现象，外观质量也较好。

2. 半胴三段锯分

预冷后的半胴体，用钢丝传动装置，送至分锯间的圆盘式分锯机，将半胴体分为三段。分锯间温度为 20℃ 左右，相对湿度以 60% 为宜。

3. 分割剔骨

将分割后的三段部分，由滚动滑板输送到分割间操作台中央的自动传送带上进行剔骨和修整。分割间的温度一般为 20℃ 左右，对工人的操作比较方便。国外一般采用 7~9℃ 的温度，职工头顶的气流为 0.15~0.25 米/秒，我国多采用 0.25 米/秒，相对湿度在 60% 左右。

分割剔骨的操作步骤如下。

第一步，去脂肪。尽量修割尽脂肪，不得多留。凡经刀切割加工的切面，刀法必须整齐。驴背肌肉表面两条沟间脂肪要用刀修割尽，不能用刀深挖，防止造成肉形不整齐。

第二步，去骨。为了保持产品外观美观，锯骨和扯骨时要防止扯破肌肉和破坏肌膜，要没有碎骨残留在肌肉内。去骨时以不带肉或少带肉为原则。

第三步，修割。修割掉肌肉上的伤斑、出血点、碎骨、软盘、血污、淋巴和脓疱等，做到五不带（不带血、不带粪便、不带碎骨、不带浮毛、不带杂质）。

4. 检验

经分割加工后的分割肉要进行感官检验和微生物检验。某些要求比较严格的肉类加工企业，不仅卫生检验比较严格，而且有一套完整的检测机构，分别设有自检、质检和专检 3 个检验组织。分割肉的检验项目，见表 7-2。

表 7-2   分割肉检验项目

检验项目	感 观 检 查	微生物检查
色泽	肌肉色泽鲜红或深红，有光泽，脂肪呈乳白色或粉白色	沙门氏菌≤4%，致病菌不得检出
气味	无异味，具有驴肉应有的滋味	
组织状态	结构状态良好，肉质紧密，有坚实感	
煮沸情况	煮沸后肉汤澄清透明，脂肪团聚于表面，具有特殊的香味	

5. 快速冷却

分割肉经过分割剔骨处理后，即进行第二次快速冷却。方法是将肉分割后，用输送装置均匀地送到快速冷却间。冷却间的温度为 -1℃，约经 2 小时使肉温降到 4~6℃，然后转入包装间进行包装。

6. 包装

包装间要求宽敞一些，温度要求控制在 10℃ 左右。包装材料可采用瓦楞纸箱，也可采用塑料薄膜，或者两者结合。瓦楞纸和塑料薄膜必须符合国家标准有关规定；外包装为瓦楞纸箱，规格（长×宽×高）为 62.5 厘米×41.5 厘米×12.0 厘米。

内包装材料为塑料膜，分为大、小包装两种。大包装箱内将全部肉块整齐放入聚乙烯塑料薄膜内；小包装是按分割肉的自然块，用聚乙烯薄膜块卷两圈半以上，放入塑料大方袋内折叠封箱包装。分割肉包装时，还要结合不同地区消费习惯或买主要求进行包装。对出口欧洲的分割肉包装，每箱净重 25 千克，箱内肉块数量可以不固定。

港澳及东南亚地区的分割肉包装、标记、颜色基本一致。要求每块肉均要有完善的小包装，不用标签，纸箱不需粘贴封口条。

7. 冻结冷藏

包装好的分割肉，由于经过了两次冷却，肉块的温度已降到 4℃ 左右，并且是已包装好的产品，为快速冻结创造了条件，不必考虑加大风速对肉干耗的影响。一般采用格架式加大风速低温冻结方式，其方法是采用风速 3 米/秒、温度为 -30℃ 的冻结间，不但可以加快冻结速度，而且冻结后产品色泽好。冷藏温度为 -18℃。为了节约能源，提高经济效益，减轻工人的劳动强度，某肉联厂研制了卧式平板冻结器，配合传送带、翻盘机、自动捆扎机组成分割肉冻结流水线，大幅度缩短了冻结时间。

第三节　驴肉制品的加工

一　驴肉腊制品

腊驴肉是指驴肉经腌制后再经过烟熏烘烤（或日光下曝晒）的过程所制成的加工品。

【熏驴肉】

1. 原料

驴肉 50 千克、精盐 5 千克、硝酸钠 25 克、花椒粉 50 克、桂皮

粉 50 克。

2. 加工工艺

加工工艺为：腌制→熏制。

（1）腌制 将驴肉切成 2～4 千克的肉条，用配料擦匀，逐条入缸腌制，一层驴肉条、一层配料，最上层也撒一层配料。每天上下互调，同时补撒配料，腌制 15～20 天，将肉条取出用铁钩挂晾，离地面 100 厘米以上。

（2）熏制 挖坑，坑中放松柏枝、松柏锯末，将驴肉条用铁钩挂在坑上面的横木上。点燃树枝锯末，仅让其冒烟，坑上面盖好封严，熏制 1～2 小时，待驴肉表面干燥，有腊香味，肉呈红色即可。将熏制好的驴肉放于阴凉通风处保存。

3. 食用方法

将熏制好的驴肉用温水洗净，放入锅内，加热高压煮熟（约 20 分钟），取出切片，装盘上桌。也可将擀好的面切成二指宽、三指长的面片放开水内煮熟，装在大盘内，上面放煮熟切好的驴肉片，然后把洋葱切丝，与煮肉的汤一起倒入大盘，即可上桌食用。

熏驴肉作为风味食品，很受消费者的欢迎。

【驴肉灌肠】

1. 原料

驴肉 35 千克、猪肥膘 15 千克、食盐 1.5 千克、白酒 1 千克、味精 50 克、胡椒粉 100 克、花椒粉 100 克、白糖 200 克、维生素 C 5 克、硝酸钠 25 克。

2. 加工工艺

加工工艺为：选料→绞肉、切丁→腌制→灌制→烘烤。

（1）选料 选经卫生检验合格的鲜、冻驴肉及猪硬膘肉为原料。将驴肉用清水浸泡后，修割掉瘀血、杂质。若选用驴肉的前、后腿，则修净碎骨、结缔组织及筋、腱膜等。

（2）绞肉、切丁 将选择修好的驴肉切成 500 克左右的肉块，用 1.3 厘米^2 的大眼箅子绞肉机绞肉，把猪硬膘肉用刀切 1 厘米^3 的膘丁。

（3）腌制 将绞切好的原料混合在一起，加入硝酸钠、食盐和所有辅料，放入搅拌机内拌均匀后，放入容器内在腌制间腌制 1～2

小时。腌制时间，随室内温度的高低灵活掌握。

（4）灌制　将腌制好的馅，灌入口径为 38～40 毫米的猪肠衣中，肠衣一定要卫生干净。每根肠衣以 15 厘米左右长度扎一节。上杆时要注意间距，避免过密而烤不均匀。

（5）烘烤　烘烤温度为 55～75℃，烘烤 6 小时后，视其干湿程度再烘烤 4～6 小时。烘烤时要缓慢升温，不可高温急烤，要让水分逐渐蒸发，使肠体干燥并缓慢收缩。待肠体表面干燥、坚实、色泽红亮时，出炉晾凉即为成品。

质量合格的驴肉灌肠成品表面干爽，清洁完整，肉馅紧贴肠衣，外表呈枣红色且光亮，肠体坚实，气味醇香，口感甘香鲜美。

二　驴肉卤制品

【普通卤驴肉】

1. 原料

驴肉 50 千克、八角茴香 50 克、花椒 25 克、黄酒 750 克、白砂糖 250 克、小茴香 5 克、草果 5 克、荜茇 20 克、山奈 20 克、葱白 300 克、精盐 1500 克、味精 100 克、红辣椒 250 克、酱油 10 千克。

2. 加工工艺

加工工艺为：原料整理→白烧→烧汁卤制。

（1）原料整理　先将清洗干净的驴肉顺肌纤维切成 5～8 厘米的肉条，在清水中充分泡洗，血去净后挂于铁钩上沥干水分。

（2）白烧　先在锅内加入清水，放入沥干水分的驴肉条，加热至 80～90℃，撇净血沫。

（3）烧汁卤制　先将 250 克白砂糖放锅内炒至黄而不焦，出糖色后加清水、黄酒，把其余原料以纱布包好放入水中煮沸 30 分钟，煮出香味后，放入经白烧的驴肉条和酱油（卤汁把所有驴肉淹没），加盖煮沸后再改用慢火烧卤，当肉烂熟后，竹筷可以插透，用铁钩把肉取出放在能漏水的竹筐中，沥出卤汁，即可制成成品。沥出的卤汁，下次加入适量的盐和香料还可再用。

【洛阳卤驴肉】

1. 原料

生驴肉 50 千克，花椒和良姜各 100 克，八角茴香、小茴香、草

果、白芷、陈皮、肉桂和荜茇各50克，桂子、丁香、火硝各25克，食盐3千克，老汤和清水适量。

2. 加工工艺

加工工艺为：制坯→卤制。

(1) 制坯 将剔骨驴肉切成重2千克左右的肉块，放入清水中浸泡13~14小时（夏天时间短些，冬天长些）。浸泡过程中，要翻搅换水3~6次，以去血去腥，然后捞出晾至肉中无水。

(2) 卤制 先在老汤中加入清水，煮沸后撇去浮沫，水大滚时，将肉坯下锅，待汤沸腾后再撇去浮沫，即可将辅料下锅。用大火煮2小时后改用小火煮4小时。卤熟的驴肉浓香四逸，这时要撇去锅内浮油，然后将肉块捞出，凉透即为成品。

产品特点：驴肉呈酱红色，表里如一，肉质带有原汁佐料香味，肉烂利口。若加适量葱、蒜、香油，切片调拌，其口味更佳，为洛阳特产。

三　驴肉干制品

1. 材料

驴肉100千克、食盐3~3.5千克、白砂糖1.9~2.1千克、酒适量（青稞酒，主要作用是去腥增味和杀菌）、酱油5~6千克、香辛料1.05~1.1千克（丁香、良姜、花椒、草蔻、香叶、肉蔻、姜皮、茴香、八角茴香、草果、桂皮、龙蒿和砂仁及适量的干辣椒，要求干净、无杂质异物、无腐变）。

2. 加工工艺

加工工艺为：原料整理→预煮、切块→复煮→烘烤→检验成品。

(1) 原料整理 采用来自非疫区的新鲜驴肉。色泽呈暗红色，气味正常。将驴肉上的多余脂肪、瘀血、淋巴、粗血管、毛及其他异物清除干净。将整理好的驴肉切成每块300克左右的肉块，注意切块要整齐。

(2) 预煮、切块 将水烧至沸腾后把切好的肉放入锅内，用旺火煮30分钟，待用刀切后肉块中无血即可，再将预煮好的肉块切成每块约80克的小肉块，形状要规则，切片时刀口尽量整齐。

(3) 复煮 将称量好的各种香辛料用纱布包好入锅，加清水、青稞酒、食盐、白砂糖、酱油在旺火上煮成卤水，再将切割好的驴肉放入锅内以旺火煮约 3 小时，待煮烂捞出即可。

（4）烘烤 将捞出的肉片放在不锈钢盘中，然后放入烘箱烘烤（温度 50~55℃，时间以肉块适度脱水即可）。

（5）检验成品 包装并烘烤完成后经检验合格即为成品。用纸袋包装，再烘烤 1 小时，可以防霉，延长保质期，若用玻璃瓶或马口铁罐，可存放 3~5 个月。

第四节　药用产品加工

一 药膳

药膳的加工方法见表7-3。

表7-3　药膳的加工方法

名　称	原　料	加工和食用方法	功　效
清煮驴肉汤	驴肉 200 克，清水适量	驴肉放清水锅中加热煮至驴肉烂熟后去肉，空心饮汤。驴肉也可食用	常服能补血益气，治多年劳损
驴肉五味汤（粥）	驴肉 200 克、生姜 20 克、花椒 7 粒、葱白 1 根	将洗净的驴肉砸成肉泥，与生姜（拍裂）、花椒、葱白加清水 700~1000 毫升共煮 30~45 分钟，加少许食盐，每天食用 1 次，连服数天，或加粳米 100 克煮成驴肉粥，加食盐少许	可治忧愁不乐，安心气
驴头肉汁	驴头 1 个	将驴头剥皮洗净，放锅内加热煮至肉离骨后，除去骨、肉，将汤放冷处保存，每天温服，次数不限，每次 200~300 毫升，肉也可食用	治多年消渴
驴头豉汁汤	去皮驴头 1 个	清水、豆豉适量，驴头煮至肉烂离骨。去头饮汤次数不限	主治心肺积热，肢软骨疼，语塞身颤、头晕、卒中后遗症

（续）

名　称	原　料	加工和食用方法	功　效
驴脂乌梅丸	驴脂适量，乌梅肉粉30克	取驴脂适量与乌梅肉粉30克搓成丸	治多年疟疾
生驴脂酒	生驴脂、白酒	取新鲜生驴脂20～40克，加等量白酒同服	主治咳嗽
驴鞭枸杞汤	驴鞭、枸杞	将驴鞭剖开切成小块加枸杞同煮至烂熟，食肉饮汤	主治阳痿，壮筋骨
驴胎衣粉	驴胎衣	取驴胎衣洗净后放瓦上焙开，研成细末，每次3克，以酒冲服	戒酒
驴皮胶	驴皮30克	取驴皮，加水浸泡后放入锅内烊化（隔水加温），和适量酒服	治一切风毒、骨节痛、呻吟不止

二　外用药

外用药的加工方法见表7-4。

表7-4　外用药的加工方法

名　称	原　料	加工和使用方法	功　效
驴头骨汤	煮烂熟离骨去肉的驴头骨	加清水一面盆，将驴头骨煮30～40分钟后，以此汤洗头	治头风屑
驴脂暗疮疥膏	驴大网膜、肠系膜、肾脂肪囊的脂肪	将驴大网膜、肠系膜、肾脂肪囊的脂肪加热炼制，放冷处保存	敷恶疮、疥癣及风水肿
驴头骨灰	驴头1个	取驴头1个，火内烧透，凉后研细末，和油调匀，涂小儿颅顶	解热
驴脂鲫鱼胆汁滴耳油	驴脂少许，鲫鱼胆1个、麻油	驴脂少许，取胆汁，加麻油20毫升，混合均匀后注入鲜葱管中，7天后，取出放入有塞玻璃瓶内备用。滴耳内3滴，每天2次	治耳聋

名　　称	原　　料	加工和使用方法	功　　效
食盐驴油膏	食盐适量、驴油	取食盐适量与驴油调成膏，涂患处	治身体手足风水肿
驴骨汤	驴骨	取经煮去肉的驴骨烧汤，趁热清洗浸泡	治痛风

三 阿胶

剥下的驴皮（以黑色驴皮最好），主要用于加工驴皮阿胶。阿胶是名贵的中药材，又称驴胶，以山东省东阿县阿井之水熬成者为佳，故名阿胶。阿胶性味甘平，入肺经、肝经、肾经。为滋阴养血、生肌长肉、滋阴润燥、止血安胎、外治脓肿的要药，可将阿胶直接放水中浸泡后隔水加温烊化服用，也可用蛤粉炒或滑石粉炒同阿胶一起服用。

将带毛的驴皮放清凉水中浸泡，每天换水 2 次，连泡 4~6 天，待毛能拔掉后取出。拔去所有的毛并以刀刮净皮面，除去内面的肉、脂后切成小块，再用清水如前法浸泡 2~5 天。之后放锅内加热，烧火熬制，约 3 天，锅内液汁变得稠厚时，用漏勺把皮捞出，继续加水熬制，如此反复 5~6 次，直至皮内胶质熬尽，去渣，将稠厚液体与各次所得的胶汁一起放锅内，用文火加温浓缩，或在出胶前 2 小时加入适量黄酒及冰糖熬成稠膏状，倒入涂有麻油的方盘内，使其冷却凝固取出，切成厚 0.5 厘米、长 5 厘米的片状，放置阴凉通风处阴干，即成驴皮胶成品。

第七章　驴的屠宰与产品加工

——第八章——
驴的疾病诊断与防治

⊙ 【提示】 驴病的发生直接影响养驴效益。物理性、化学性、
生物学性等因素都可引起驴群发病，应根据致病因素及时诊断
和防治疾病。

第一节　驴病的特点和诊断

■ 驴病的特点

　　驴与马是同属异种动物，因此驴的生物学特性及其生理结构基
本与马相似，但又有较大差异。当前，肉驴是利用役用品种，经繁
殖、幼驴培育后圈养育肥而成的，故在疫病特点与表现方面有较大
的不同。

　　驴所患疾病种类，尽管在内科、外科、产科、传染病和寄生虫
病方面均与马相似，如常见病有胃扩张、便秘疝、冷痛、腺疫等，
但驴的生物学特性决定了其在抗病力、临床表现和对药物的反应等
方面均与马有所不同，所以肉驴在发病的原因、病性、病理变化和
症状方面又具有某些自己的特点。例如，肉驴由于舍饲育肥，运动
很少，营养代谢病较多发。又如，疝痛性疾病的临床表现在马起卧
方面十分明显，特别是轻型乘用马，而驴的表现较缓和，甚至不表
现明显的急起急卧；驴对鼻疽相当敏感，感染后常引起败血症或脓
毒性败血症而死亡；对传染性贫血有较强的抵抗力，而对破伤风感
染，不管是在病情严重程度上还是在治疗的效果上均较马严重和困
难；在相同条件下，驴对日射病和热射病有很强的抵抗力，而马则

不然。当然，驴还有一些独特的易患的特异性疾病，如霉玉米中毒、驴怀骡驹的产前不食等。

由于驴的抗病能力很强，一般没有很严重的疾病，常见的就是腹泻、感冒、体内寄生虫、皮肤疥螨、脱毛、异嗜癖。治疗皮肤疥螨，可取1%敌百虫溶液喷涂或洗刷患部，每隔4天用1次，连用3次。用药液洗刷患部时若气温过低，驴舍应适当升温。也可用硫黄粉4份、凡士林10份配成软膏，涂擦于患部，舍内用15%敌百虫溶液喷洒墙壁、地面，以杀死虫体。治疗体内寄生虫可用肝虫净注射液，驴按每50千克体重注射10~15毫升，连续注射2天就会明显见效。

二 驴病的诊断

驴病的诊断方法与其他家畜无异，不外乎传统兽医学的望、闻、问、切和现代兽医学视、触、叩、听及化验检查与仪器诊断。凡兽医临床诊断学方面的有关方法均可应用。

1. 健康驴

不管在棚圈还是在放牧中，健康驴都是两只大耳竖立，活动自如，头颈高昂，精神抖擞。特别是公驴，相遇或发现正对同类时，则昂头凝视、大声鸣叫、跳跃，并试图接近对方。吃草料时站立不动，咀嚼有力，咯咯发响。若有人从饲槽边走过，则鸣叫不已。母驴发情时，不时发出"吧嗒"嘴的声音。健康驴的口色微红、光润；鼻、耳暖和，不热不凉；粪球硬度适中；外表湿润光亮，颜色初时草黄，时间稍久变为褐色；被毛光润，时而喷动鼻翼，即"打吐噜"。俗话说，"驴打吐噜牛打磨"，有病也不多，这些都是健康的表现。

2. 异常驴

驴对一般性疾病有较大的耐受力，即使患病也能吃些草、喝点水。若不注意观察，待其不吃不喝、食欲废绝，病情就比较严重了。判断驴是否正常，还可从平时吃草、饮水的精神状态和鼻、耳温度变化等方面进行观察比较。驴耳耷拉、头低，精神不振，运动迟缓，鼻、耳发凉或发热，虽吃些草，但不饮水，说明驴已患病，应及早诊治。

饮水量对判断驴是否有病具有重要意义。驴吃草少而喝水多，可知驴无病；若草采食量不减而连续几次饮水减少或不饮水，即可预知该驴不久就要发病。

如果粪球干硬，外有少量黏膜，喝水减少，数天后可发生胃肠炎。饲喂中出现异嗜癖，如啃咬木桩或槽边，喝水不多，虽精神不减，则可能发生急性胃表层黏膜炎（胃肠炎）。

驴虽然一夜不吃，退槽而立，但只要鼻、耳温和，体温正常，可视为无病，黎明或次日即可采食，饲养人员称此为"瞪槽"。驴病的发生常和天气、季节、饲草更换、草质变化和饲喂方式等因素密切相关。因此，在饲养中要按一定的程序（如加草→加料→饮水），不要随意改变，并应定时定量饲喂，以使胃肠道腺体分泌和运动产生规律性和适应性，并做到仔细观察，才能做到"无病先防，有病早治，心中有数"。

另外，驴病后卧地不起或虽不卧而精神委顿，默默地走近并依偎在饲养员身边不愿离去，这都是病重的表现，应予以注意。

第二节　驴病的综合防治措施

> ➲ 【提示】　驴养殖过程中必须树立"预防为主、防重于治、养防并重"的观念，采取综合措施预防和控制疾病的发生。

一　注重隔离、卫生管理

1. 科学规划布局

选择好的场址并进行科学规划布局，为疫病控制奠定良好基础。

2. 严格隔离

（1）引种管理　采购驴时，一定要做好检疫工作，不要把患有传染病的驴买回来。尤其是一些对驴危害比较严重的疫病和一些新病，更应严格检疫。凡需从外地购买驴时，必须调查了解当地传染病流行情况（种类、分布等），以保证从非疫区健康驴群中购买，再经当地动物检疫机构检疫，签发检疫证书后方可启运。运回场后，要隔离饲养30天，在此期间进行临床检查、实验室检查，确认其健康无病，方可进入生产区。

（2）隔离管理

1）驴场大门的隔离。大门必须设立宽于门口、长于大型载货汽车车轮一周半的水泥结构的消毒池，并装有喷洒消毒设施。人员进场时应经过消毒人员通道，严禁闲人进场，来访人员必须在值班室登记。

2）生产区的隔离。生产区最好有围墙和防疫沟，并且在围墙外种植荆棘类植物，形成防疫林带，只留人员入口、饲料入口和出驴口，减少与外界的直接联系。

3）生活管理区和生产区之间隔离。生活管理区和生产区之间的人员入口和饲料入口应以消毒池隔开，人员必须在更衣室沐浴、更衣、换鞋，经严格消毒后方可进入生产区。生产区的每栋驴舍门口必须设立消毒的脚盆，生产人员经过脚盆再次消毒工作鞋后才能进入驴舍。

4）外来车辆的隔离。必须在场外经严格冲洗消毒后才能进入生活管理区，严禁任何车辆和外人进入生产区。

5）饲料的隔离。饲料应由本场生产区外的饲料车运到饲料周转仓库，再由生产区内的车辆转运到每栋驴舍，严禁将饲料直接运入生产区。生产区内的任何物品、工具（包括车辆），除特殊情况外不得离开生产区，任何物品进入生产区必须经过严格消毒，特别是饲料袋应先经熏蒸消毒后才能装料进入生产区。场内生活区严禁饲养畜禽，尽量避免猪、狗、禽、鸟进入生产区。生产区内的肉食品要由场内供给，严禁从场外带入偶蹄兽的肉类及其制品。

6）人员隔离。全场工作人员禁止兼任其他畜牧场的饲养、技术工作和屠宰贩卖工作。保证生产区与外界环境有良好的隔离状态，全面预防外界病原侵入驴场内。休假返场的生产人员必须在生活管理区隔离二天后，方可进入生产区工作，驴场后勤人员应尽量避免进入生产区。

7）采用全进全出的饲养制度。采取"全进全出"的饲养制度，"全进全出"的饲养制度是有效防止疾病传播的措施之一。"全进全出"使得驴场能够做到净场和充分的消毒，切断了疾病传播的途径，从而避免患病驴或病原携带者将病原传染给日龄较小的驴群。

第八章 驴的疾病诊断与防治

8）定期检疫监测。平时还应定期对主要传染病进行检疫，及时淘汰病驴，建立一个健康状况良好的驴群。平时还应做好免疫效果监测、消毒效果监测、驴场污染情况监测、饲料饮水、卫生监测等工作，及时掌握疫情动态，为及早采取防治措施提供依据。

3. 卫生管理

（1）保持驴舍及周围环境卫生　及时清理驴舍的污物、污水和垃圾，定期打扫驴舍和设备用具的灰尘，每天进行适量的通风，保持驴舍清洁卫生；不在驴舍周围和道路上堆放废弃物和垃圾。

（2）保持饲料、饲草和饮水卫生　确保饲料、饲草不霉变，不被病原污染，饲喂用具勤清洁消毒；饮用水符合卫生标准，水质良好，饮水用具要清洁，饮水系统要定期消毒。

（3）废弃物要无害化处理　驴场的废弃物主要是粪便、垫草和病死驴。粪便堆放要远离驴舍，最好设置专门储粪场，对粪便进行无害化处理。病死驴不要随意出售或乱扔乱放，防止传播疾病。粪便用作肥料的处理利用方法如下。

1）处理方法。驴粪尿中的尿素、氨、钾、磷等，均可被植物吸收，但粪中的蛋白质等未消化的有机物，要经过腐熟分解成氨或铵，才能被植物吸收。所以，驴粪尿可做底肥。为提高肥效，减少驴粪中的有害微生物和寄生虫卵的传播与危害，驴粪在利用之前最好先经过发酵处理，即将驴粪尿连同其垫草等污物，堆放在一起，最好在上面覆盖一层泥土，让其增温、腐熟。或将驴粪、杂物倒在固定的粪坑内（坑内不能积水），待粪坑堆满后，用泥土覆盖严密，使其发酵、腐熟，经 15～20 天便可开封使用。经过生物热处理的驴粪肥，既能减少有害微生物、寄生虫的危害，又能提高肥效，减少氨的挥发。驴粪中残存的粗纤维虽然肥分低，但具有疏松土壤的作用，可改良土壤结构。

2）利用方法。直接将处理后的驴粪用作各类农作物、瓜果等经济作物的底肥。其肥效高，肥力持续时间长；或将处理后的驴粪尿加水制成粪尿液，用作追肥喷施植物，不仅用量省、肥效快，增产效果也较显著。粪液的制作方法是将驴粪存于缸内（或池内），加水密封，经 10～15 天自然发酵后，滤出残余固形物，即可喷施农作物。尚未用完或缓用的粪液，应继续存放于缸中封闭保存，以减少氨的挥发。

3）生产沼气。固态或液态粪污均可用于生产沼气。沼气是厌气微生物（主要是甲烷细菌）分解粪污中含碳有机物而产生的一种混合气体，其中甲烷占60%～75%，二氧化碳占25%～40%，还有少量氧、氢、一氧化碳、硫化氢等气体。将驴粪尿、垫料、污染的草料等投入沼气池内封闭发酵生产沼气，可用于照明、做燃料或发电等。沼气池在厌氧发酵过程中可杀死病原微生物和寄生虫，发酵粪便产气后的沼渣还可再用作肥料。

4）污水处理。驴场必须专设排水设施，以便及时排除雨、雪水及生产污水。全场排水网分主干和支干，主干主要是配合道路网设置的路旁排水沟，将全场地面径流或污水汇集到几条主干道内排出；支干主要是各运动场的排水沟，设于运动场边缘，利用场地倾斜度，使水流入沟中排走。排水沟的宽度和深度可根据地势和排水量而定，沟底、沟壁应夯实，暗沟可用水管或砖砌，若暗沟过长（超过200米），应增设沉淀井，以免污物淤塞，影响排水。但应注意，沉淀井距供水水源应在200米以上，以免造成污染。污水经过处理达标后方可排放；被病原体污染的污水，要进行消毒处理。

> **【提示】** 比较实用的方法是化学药品消毒法：先将污水处理池的出水管用一木闸门关闭，将污水引入污水池后，加入化学药品（如漂白粉或生石灰）进行消毒。消毒药的用量视污水量而定（一般1升污水用2～5克漂白粉）。消毒后，将闸门打开，使污水流出。

5）杀虫。蚊、蝇、虻、蜱等是驴的多种传染病的传播媒介，杀虫是预防和控制虫媒传染病发生和流行的一项重要措施。

① 保持驴舍、驴场及周围环境清洁卫生：驴舍、驴场及周围的污水、粪便、垃圾、杂草等常常是蚊蝇滋生和藏身的场所，搞好驴舍、驴场及周围环境的清洁卫生十分重要；割除杂草；保持排水、排污通畅，无积水；做好垃圾、粪便、污水无害处理等都是消灭蚊蝇的重要措施。

② 使用药物杀虫：使用各种杀虫药杀虫，是常用的杀虫方法。

常用的药物有敌百虫、菊酯类等杀虫药。每月在驴舍内外和蚊蝇容易滋生的场所喷洒2次。

6）灭鼠。鼠类是很多传染病的传播媒介和传染源，因此灭鼠是预防传染病的措施之一。灭鼠主要方法如下。

① 生态学灭鼠：生态学灭鼠主要改变和破坏鼠类赖以生存的条件，断绝鼠粮、捣毁隐蔽场所。例如，应经常保持驴舍及周围地区的整洁，及时清除饲料残渣，将饲料贮存在鼠类不能进入的房舍内，使之得不到食物；在建筑驴舍和仓库等房屋时，在墙基、地面、门窗等方面注意防鼠要求，发现有洞，随时用铁丝网或水泥等封住，使鼠类不能进入驴舍和仓库。

② 器械灭鼠：主要利用食物作为诱饵，用捕鼠器械（鼠夹等）捕杀鼠类；或用堵洞、挖洞、灌洞等方法捕杀鼠类。

③ 药物灭鼠：直接用毒鼠药或将其和食物混合制成毒饵后诱杀鼠类。大面积灭鼠常用的毒鼠药物有敌鼠钠盐、安妥等。

二 强化饲养管理

1. 加强饲养

根据不同阶段驴的营养需求提供适宜的日粮，按时饲喂，保证饲草和饲料优质、采食足量，合理补饲，供给洁净充足的饮水。不饲喂霉变饲料，不用污浊或受污染的饮水喂驴，剔除青干野草中的有毒植物。注意饲料的正确调制及适当的搭配比例，妥善贮藏，防止驴采食有残留农药的草菜茎叶或误食灭鼠药而引起中毒。

2. 科学管理

除了做好隔离卫生和其他饲养管理外，还应提供适宜的温度、湿度、通风、光照等环境条件，避免过冷、过热、通风不良、有害气体浓度过高和噪声过大等，减少应激因素，增强驴的抵抗力和免疫力，降低发病率和死亡率。

三 做好消毒工作

消毒是指采用一定方法将养殖场、交通工具和各种被污染物体中病原微生物的数量减少到最低或无害的程度。通过消毒能够杀灭环境中的病原体，切断传播途径，防止传染病的传播与蔓延，是传染病预防措施中的一项重要工作。

1. 消毒的方法

(1) 物理消毒法 包括机械性清扫、冲洗、加热、干燥、阳光和紫外线灯照射等方法。如用喷灯对驴经常出入的地方、产房、培育舍等，每年进行 1~2 次火焰瞬间喷射消毒；人员入口处设紫外线灯，照射时间至少 5 分钟。

(2) 化学消毒法 利用化学消毒剂对病原微生物污染的场地、物品等进行消毒。如用规定浓度的新洁尔灭、有机碘混合物或来苏儿的水溶液洗手、工作服或胶鞋。

(3) 生物热消毒法 通过堆积发酵产热来杀灭病原体，主要用于粪便和污物。

2. 消毒的程序

根据消毒的类型、对象、环境温度、病原体性质及传染病流行特点等因素，将多种消毒方法科学合理地加以组合而进行的消毒过程称为消毒程序。

(1) 消毒池消毒 场区大门、生产区入口、各栋驴舍的出入口都要设消毒池。大门口消毒池长度为汽车轮周长的 2 倍，深度为 15~20 厘米，宽度与大门口同宽；各栋驴舍的出入口也可放消毒槽。消毒液可选用 2%~5% 氢氧化钠溶液（火碱）、1% 菌毒敌、1∶300 特威康、1∶(300~500) 喷雾灵中的任一种。药液每周更换 1~2 次，雨过天晴后立即更换，确保消毒效果。

(2) 车辆消毒 进入场区大门的车辆除要经过消毒池外，还必须对车身、车底盘进行高压喷雾消毒，消毒液可用 2% 过氧乙酸或 1% 灭毒威。严禁车辆（包括员工的摩托车、自行车）进入生产区。进入生产区的料车每周需彻底消毒 1 次。

(3) 人员消毒 所有工作人员进入场区大门必须进行鞋底消毒，并用自动喷雾器进行喷雾消毒。进入生产区的人员必须淋浴、更衣、换鞋、洗手和经紫外线灯照射 15 分钟。工作服、鞋、帽等定期消毒（可放在 1%~2% 氢氧化钠溶液内煮沸消毒，也可每立方米空间用 42 毫升福尔马林溶液熏蒸 20 分钟）。严禁外来人员进入生产区。进入驴舍人员先踏消毒池（消毒池的消毒液每 3 天更换 1 次），再洗手后方可进入。工作人员在接触畜群、饲料等之前必须洗手，并用消毒液浸泡消毒 3～5 分钟。病驴、隔离人员和剖检人员操作前后都要进行严格消毒。

(4) 环境消毒

1) 垃圾处理消毒。生产区的垃圾实行分类堆放，并定期收集。每逢周六进行环境清理、消毒和焚烧垃圾。可用 3% 氢氧化钠溶液喷洒，阴暗潮湿处可撒生石灰消毒。

2) 生活区、办公区消毒。生活区、办公区院落或门前屋后在 4～10 月每 7～10 天消毒 1 次，11 月至第二年 3 月每半月消毒 1 次。可用 2%～3% 的氢氧化钠溶液或甲醛溶液喷洒消毒。

3) 生产区的消毒。生产区道路、每栋驴舍前后每 2～3 周消毒 1 次；每月对场内污水池、堆粪坑、下水道出口消毒 1 次。可用 2%～3% 氢氧化钠溶液或甲醛溶液喷洒消毒。

4) 地面土壤消毒。土壤表面可用 10% 漂白粉溶液、4% 福尔马林溶液或 10% 氢氧化钠溶液消毒。停放过被芽孢杆菌感染而死亡的病驴尸体的场所，应严格加以消毒。首先用上述漂白粉澄清液喷洒地面，然后将表层土壤掘起 30 厘米左右，撒上干漂白粉，并与土混合，将此表土妥善运出场区做掩埋处理。其他传染病所污染的地面土壤，则可先将地面翻一下，深度约 30 厘米，在翻地的同时撒上干漂白粉（用量为 0.5 千克/米²），然后以水湿润，压平。如果放牧地区被某种病原体污染，一般利用自然条件（如阳光）来杀灭病原体；如果污染的面积不大，则使用化学消毒药消毒。

(5) 驴舍消毒

1) 空舍消毒。肉驴出售或转出后，应对驴舍进行彻底的清洁消毒，消毒步骤如下。

① 清扫：首先对驴舍的粪尿、污水、残料、垃圾、墙面、顶棚和水管等处的尘埃进行彻底清扫，并整理归纳舍内饲槽、用具。当发生疫情时，必须先消毒后清扫。

② 浸润：对地面、驴栏、出粪口、食槽、粪尿沟、风扇匣和护仔箱进行低压喷洒消毒，并确保充分浸润，浸润时间不低于 30 分钟，但不能时间过长，以免药液干燥后不好洗刷浪费水。

③ 冲刷：使用高压冲洗机，由上至下彻底冲洗屋顶、墙壁、栏架、网床、地面和粪尿沟等。要用刷子刷洗"藏污纳垢"的缝隙，

尤其是食槽、水槽等，冲刷不要留死角。

④ 消毒：驴舍晾干后，选用广谱高效消毒剂，消毒舍内所有表面、设备和用具，必要时可选用2%～3%氢氧化钠溶液进行喷雾消毒，30～60分钟后低压冲洗，晾干后用另一种广谱高效消毒药（0.3%好利安）喷雾消毒。

⑤ 复原：恢复原来栏舍内的布置，并检查维修设备，做好进驴前的充分准备，并进行第二次消毒。

⑥ 熏蒸消毒：将封闭驴舍冲刷干净、晾干后，最好进行熏蒸消毒。用福尔马林、高锰酸钾熏蒸。方法是熏蒸前封闭所有缝隙、孔洞，计算房间容积，称量好药品。按照福尔马林:高锰酸钾:水 = 2:1:1 的比例配制，福尔马林用量一般为 28～42 毫升/米^3。容器应大于甲醛溶液加水后容积的 3～4 倍。放药时一定要把甲醛溶液倒入盛高锰酸钾的容器内，室温最好不低于24℃，相对湿度在 70%～80%。先从驴舍一头逐点倒入，倒入后人员迅速离开，把门封严，24小时后再打开门窗通风，待无刺激味后再用消毒剂喷雾消毒1次。

⑦ 进驴前消毒：进驴前1天再做喷雾消毒。

2）产房和隔离舍的消毒。在产驴前应对产房进行一次消毒，产驴高峰时进行多次，产驴结束后再消毒1次。在病驴舍、隔离舍的出入口处应放置浸有消毒液的麻袋片或草垫，消毒液可用2%～4%氢氧化钠溶液（对病毒性疾病有效），或用10%克辽林溶液（对病毒性疾病以外的其他疾病有效）。

3）带驴消毒。正常情况下选用过氧乙酸或喷雾灵等消毒剂，0.5%以下对人畜无害。夏季每周消毒2次，春、秋季每周消毒1次，冬季每2周消毒1次。如果发生传染病，可每天或隔天带驴消毒1次，带驴消毒前必须对驴舍彻底清扫，消毒时不局限于驴的体表，还包括整个驴舍的所有空间。应将喷雾器的喷头高举空中，喷嘴向上，让药液喷雾从空中缓慢地下降，雾粒直径控制在80～120微米，压力为 0.2～0.3 千克/厘米^2。注意不宜选用刺激性大的消毒药物。

（6）废弃物消毒

1）粪便消毒。驴粪便的消毒方法主要采用生物热消毒法，即在距驴场 100～200 米以外的地方设一堆粪场，将驴粪堆积起来，上面

覆盖10厘米厚的沙土，将粪便堆放发酵30天左右，即可用作肥料。

2）污水消毒。最常用的方法是将污水引入污水处理池，加入化学药品（如漂白粉或氯制剂）进行消毒，用量视污水量而定，一般1升污水用2~5克漂白粉。

3. 消毒注意事项

① 要严格按消毒药物说明书的规定配制药液，药量与水的比例要准确，不可随意加大或降低药物浓度。

② 不准任意将两种不同的消毒药物混合使用。

③ 喷雾时，必须全面湿润消毒物的表面。

④ 消毒药物定期更换使用。

⑤ 消毒药现配现用，搅拌均匀，并尽可能在短时间内一次用完。

⑥ 消毒前必须搞好卫生，彻底清除粪尿、污水和垃圾。

⑦ 要有完整的消毒记录，记录消毒时间、栋号、消毒药品、使用浓度、消毒对象等。

四 科学免疫

免疫是给动物接种各种免疫制剂（疫苗、类毒素及免疫血清），使动物个体和群体产生对传染病的特异性免疫力。免疫是预防和治疗传染病的主要手段，也是使易感动物群转化为非易感动物群的唯一手段。

1. 免疫接种类型

根据免疫接种的时机不同，可分为预防接种（在平时为了预防某些传染病的发生和流行，有组织、有计划地按免疫程序给健康驴群进行的免疫接种）和紧急接种（在发生传染病时，为了迅速控制和扑灭疫病的流行，而对疫区和受威胁区尚未发病的驴进行紧急免疫接种）。

2. 免疫接种程序

免疫程序是指根据一定地区、养殖场或特定动物群体内传染病的流行状况、动物健康状况和不同疫苗特性，为特定动物群体制订的免疫接种计划，包括接种疫苗的类型、时间、方法、次数和时间间隔等规程及次序。科学合理的免疫程序是获得有效免疫保护的重要保障。制订肉驴免疫程序时应充分考虑当地疫病流行情况，动物种类、年龄，母源抗体水平和饲养管理水平，以及使用疫苗的种类、性质、免疫途径等方面的因素。免疫程序的好坏可根据驴的生产力水平和疫病发生情况来评价，科学地制订一个免疫程序必须以抗体检测为重要的参考依据。由于目前缺乏驴用疫（菌）苗，也没有专用的免疫程序，许多疫病还是采取一般预防措施，见表8-1。

表8-1　肉驴参考免疫程序

疫苗名称	用途	免疫时间	用法用量
炭疽芽孢杆菌	预防炭疽病	每年春季	皮下注射，0.5～2毫升/头
破伤风类毒素疫苗	预防破伤风	春季免疫1次，第二年再免疫1次	肌内注射，1毫升/头
口蹄疫苗	预防驴口蹄疫	4～5月龄幼驴首免，以后每隔4～5个月免疫1次	皮下或肌内注射，幼驴0.5～1毫升/头，成年驴2毫升/头
马流行性乙型脑炎弱毒苗	预防驴马流行性乙型脑炎	4月龄～2岁驴或外地引进的驴，注射时间为每年6月至第二年1月	皮下或肌内注射2毫升/头

五　合理的药物防治

1. 驴的用药方法

驴的用药方法，见表8-2。

表8-2　驴的用药方法

方　　法		操　　作
群体给药法（指对驴群用药。用药前，最好先做小批量的药物毒性及药敏试验）	混饲给药	将药物均匀混入饲料中，让驴吃料的同时吃进药物。主要用于不溶于水的药物
	混水给药	将药物溶解于水中，让驴自由饮用。有些疫苗也可用此法投服。在给药前一般应停止饮水半天，以保证每头驴都能在规定时间内饮到一定量的水

（续）

方　　法		操　　作
个体给药法 （指对患病驴单独进行治疗）	口服法 丸剂	固定肉驴头部，投药者一手将肉驴舌拉出，一手持药丸，并迅速将药丸投到舌根部，同时立即放开舌头，抬高肉驴头部，使之咽下。若用丸剂投药器投药，则需要配一助手协助
	口服法 舔剂	固定肉驴头部，投药者打开口腔并一手拉出肉驴舌头，另一手持竹片或木片将舔剂迅速涂于舌根部，随后立即放开肉驴，再抬高肉驴头部，使之咽下
	口服法 糊剂	牵引肉驴鼻环或掉嚼，使肉驴头稍仰，投药者一手打开口腔，一手持盛有药物的灌角（肉驴角制的灌药器）顺口角插入口腔，送至舌面中部，将药灌下
	灌肠法	将药物配置成液体，通过橡皮管直接灌入直肠内。用前先将直肠内的粪便清除，同时灌肠药液的温度应与体温一致
	胃管插入法	给驴插入胃管的方法有两种，一是经鼻腔插入，二是经口腔插入。胃管插入时要防止胃管误入气管。灌服大量水及有刺激性的药液时应经口腔插入。患咽喉炎和咳嗽严重的病驴，不可用胃管灌服
	注射法	将灭菌的液体药物，用注射器注入驴的体内。一般按注射部位可分为以下几种方式：一是皮下注射，把药液注射到驴的皮肤和肌肉之间，注射部位是在颈部或股内侧松软处；二是肌内注射，是将灭菌的药液注入肌肉比较多的部位，驴的注射部位是在股后肌群，特别是在半膜肌和半腱肌上；三是静脉注射，是将灭菌的药液直接注射到静脉内，使药液随血液很快分布全身，迅速发生药效，驴常用的注射部位是颈静脉；四是气管注射，是将药液直接注入气管内
	皮肤、黏膜给药	一般用于可以通过皮肤和黏膜吸收的药物，主要方法有点眼、滴鼻、皮肤涂擦、药浴等

2. 驴场常用的药物

驴场常用的药物和用法，见表8-3。

表8-3　驴场常用的药物和用法

名　　称		性状和功用	制剂、用法和注意事项
生物抗生素与合成抗生素	青霉素G钾（钠）	无色结晶性粉末，对革兰氏阳性菌（如葡萄球菌、链球菌、炭疽杆菌等）有效。临床上作用于敏感菌所致的抗菌效力，用国际单位（IU）表示，0.6微克青霉素G钾菌效力为1个国际单位	注射用青霉素G钾，肌内注射一次量，每千克体重幼驴10000～15000国际单位，成年驴4000～8000国际单位，每天2～4次，或按上述剂量加大1倍量，每天1～2次；注射用普鲁卡因青霉素，肌内注射，每千克体重一次量，幼驴10000～15000国际单位，成年驴5000～10000国际单位，每天1次
	氨苄西林与阿莫西林	氨苄西林是半合成耐酸（可内服）的广谱抗生素，为白色粉末，对革兰氏阳性菌和阴性菌均有效。与庆大霉素、卡那霉素、链霉素合用有协同抗菌作用	有注射青霉素钠盐，肌内注射一次量，每千克体重2～7毫克，每天2次。阿莫西林耐酸（可内服），广谱半合成青霉，生物利用度比氨苄西林高2倍，用于敏感细菌引起的呼吸道、泌尿道和软组织感染的治疗；其粉针肌内注射，每千克体重5～10毫克，每天1次
	链霉素	对多数革兰氏阳性菌有救，但不如青霉素效果好，对结核杆菌和多数革兰氏阴性菌如布氏杆菌、沙门氏菌、巴氏杆菌、大肠杆菌等抗菌作用较好	注射用硫酸链霉素粉剂和硫酸链霉素注射液，肌内注射一次量，每千克体重10毫克，每天2次。本品有神经毒作用，长期大量用药因其能阻滞神经肌肉接头和损害第八对脑神经，导致共济失调、呼吸抑制和听觉受损的毒性反应。所以，一般只能连续用药3～4天，病情好转后，应改用其他抗菌药继续治疗

（续）

名　　称	性状和功用	制剂、用法和注意事项
生物抗生素与合成抗生素		
庆大霉素	白色粉末，易溶于水，广谱抗生素，常用于革兰氏阳性和阴性菌感染的治疗	硫酸庆大霉素注射液，肌内或静脉注射一次量，驴每千克体重1000～1500单位；庆大小诺霉素，对革兰氏阴性菌作用较强，其注射液肌内注射一次量，驴每千克体重1～2毫克，每天1～2次。本品有损害听觉神经的毒性，并可引起细菌的耐药性
红霉素	白色晶状物，抗菌作用与青霉素相似，主要用于耐青霉素的细菌感染病	红霉素片（肠溶片）内服一次量，幼驴每千克体重20～40毫克，每天2次；硫氰酸红霉素注射液，肌内注射一次量，驴每千克体重1～2毫克，每天2次。本品不可用生理盐水等含无机盐溶液配制，以免严生沉淀
土霉素	黄白结晶性粉末，广谱抗生素，主要用于革兰氏阳性菌和阴性菌、衣原体、支原体、泰勒梨形虫、附红细胞体、立克次体、螺旋体感染病	土霉素片内服一次量，幼驴每千克体重10.25毫克；注射用盐酸土霉素、静脉和肌内注射量，驴每千克体重5～10毫克；复方长效土霉素注射液。肌内注射一次量，驴每千克体重20毫克，经注射1次后，病情较重的可隔3～5天再注射1次。成年驴不宜内服，否则易引起消化功能紊乱
氟甲砜霉素（氟苯尼考、氟洛芬尼）	氟甲砜霉素是新一代动物专用氯霉素广谱抗生素，抗菌谱与抗菌活性比氯霉素（已淘汰、禁用）药效强，耐药性与药物残留低	用量为驴每千克体重20毫克，临床上用于敏感菌引起的呼吸道疾病等

（续）

名　称		性状和功用	制剂、用法和注意事项
生物抗生素与合成抗生素	杆菌肽	白色或浅黄色粉末，用于革兰氏阳性菌特别是金葡菌、溶血性链球菌引起的败血症、肺炎、乳腺炎和局部感染	杆菌肽片，内服一次量，幼驴每千克体重5000单位，每8～12小时1次。注射用杆菌肽，肌内注射一次量：驴每千克体重1万～2万单位，每天1次
	多黏菌素	白色或浅黄色粉末，主要用于革兰氏阴性菌和绿脓杆菌、大肠杆菌、沙门氏菌及巴氏杆菌等感染病，本品不易产生耐药性	硫酸多黏菌素E（硫酸抗敌素），内服一次量，幼驴每千克体重1.5万～5万单位；注射用硫酸多黏菌素E和B，肌内注射一日量，驴每千克体重1万单位，分2次注射。本品对肾脏和神经系统有毒性作用，故剂量不可过大，疗程不要过长，不宜与庆大霉素、链霉素合用
	两性霉素B	橙黄色针状结晶，主要用于深部真菌感染病，如芽生菌病、组织胞浆菌病、念珠菌病、球孢子菌病、曲霉病（肺烟曲霉）和毛霉菌病等	注射用两性霉素B，静脉注射一日量，驴按药品使用说明连用4～10天，后按1毫克/千克体重再用4～8天。对肺部和胃、肠道真菌病可用内服或气雾吸入以提高治疗效果，与利福平合用可增效
	制霉菌素	浅黄色粉末，有吸湿性，不溶于水。广谱抗真菌药，主要用于治疗胃肠道和皮肤黏膜念珠菌病	制霉菌素片，内服一次量，驴每千克体重250万～500万单位。治疗曲霉和毛霉菌性乳腺炎时，通过乳管注入

（续）

名　称	性状和功用	制剂、用法和注意事项
生物抗生素与合成抗生素 克霉唑	（又称三苯甲咪唑，抗真菌1号）白色结晶，有吸湿性，不溶于水；广谱抗真菌药，主要用于皮肤与黏膜的癣菌病、毛癣菌及曲霉菌的感染病，也可内服治疗真菌引起的肺部、尿道、胃、子宫染病	克霉唑片内服量，幼驴每千克体重1.5～3.0克，成年驴每千克体重10～20克，分2次服用；克霉唑软膏，1%～5%涂于患处，每天1次
益康唑	合成广谱速效抗真菌药，对革兰氏阳性菌（特别是球菌）也有抑菌作用，主要用于治疗皮肤和黏膜的癣菌病和念珠菌阴道炎等真菌感染	益康唑软膏，1%～5%涂于患处，每天1次；硝酸咪康唑霜（达克宁霜），含20毫克/克，涂于患处（治皮癣菌病）或注入阴道深处（治疗念珠菌阴道炎），每天1次
磺胺类与硝基呋喃类药物 磺胺噻唑	合成的抑菌药，对大多数革兰氏阳性菌和某些阴性菌都有效，临床上用于治疗败血症、肺炎、子宫内膜炎	磺胺噻唑片，内服一次量，驴每千克体重0.14～0.2克，维持量每千克体重0.07～0.1克，每8小时1次；磺胺噻唑钠注射液，静脉或肌内注射一次量，驴每千克体重0.07克，每8～12小时1次。注意：①本品经肝脏代谢失活的产物乙酰磺胺的水溶性比原药低，排泄时易在肾小管析出结晶（在酸性尿中），从而引起肾毒害。②为了维护其在血中的药物浓度优势，要求首剂用倍量（突击剂量），同时维持量和疗程要充足（急性感染症状消失后需再用药2～3天才可停药），以免细菌产生耐药性或复发。③为了既保证疗效又能防止析出结晶尿毒害肾脏，要多给动物饮水或灌服水，并投与磺胺药等量的碳酸氢钠以碱化尿液，以增加磺胺药代谢产物的溶解性，防止发生结晶尿

名　　称		性状和功用	制剂、用法和注意事项
磺胺类与硝基呋喃类药物	磺胺嘧啶	抗菌作用同磺胺噻唑，特点是与血清蛋白的结合率低，容易透过血脑屏障，是在脑脊液中浓度最高的磺胺药，更适用于脑与脊神经感染病，如球菌性脑膜炎与脑脊髓炎等	磺胺嘧啶片，内服一次量，驴首次量每千克体重 0.1 克，维持量每千克体重 0.05 克，每 12 小时 1 次。磺胺嘧啶钠注射液，静脉或肌内注射一次量，驴每千克体重 0.05 克，每 12 小时 1 次。注意本品乙酰化率比磺胺噻唑低，但用药时仍需多给动物饮水以碱化尿液，防止结晶尿发生
	磺胺间甲氧嘧啶	抗菌作用最强的磺胺药，乙酰化率低，乙酰化物在尿中溶解度大，不易发生结晶尿，维持有效血药溶液可达 24 小时。与甲氧苄啶合用，可明显提高疗效	磺胺间甲氧嘧啶片，内服一次量，驴首次量每千克体重 0.05 克，维持量每千克体重 0.025 克。磺胺间甲氧嘧啶钠注射液，静脉或肌内注射剂量同片剂
	呋喃西林和呋喃妥因	黄色结晶体，是合成的广谱抗菌药	配成 0.02% 溶液或 0.2%～1% 软膏外用；呋喃妥因吸收后呈高浓度，经尿排泄有治疗尿路感染的作用，其片剂内服一日量，驴每千克体重 12～15 毫克，分 2～3 次服用
喹诺酮类药物	环丙沙星	氟喹诺酮抗菌药最强的一种制品。主要用于驴的肠道和慢性呼吸道疾病及混合感染	乳酸环丙沙星注射液，肌内注射，驴每千克体重 2.5～5 毫克。静脉注射，驴每千克体重 2 毫克，每天 2 次；乳酸环丙沙星原粉，混饮按每千克体重 25 毫克，连用 3～5 天
	氧氟沙星	一种新的氟喹诺酮抗菌药，商品名为泰利必妥。本品抗菌谱广，对革兰氏阴性菌、阳性菌、某些厌氧菌、绿脓杆菌、支原体和衣原体都有抗菌作用	氧氟沙星注射液，肌内或静脉注射一次量，驴每千克体重 3～5 毫克，每天 2 次，连用 3～5 天；左氧氟沙星，为氧氟沙星的左旋体，抗菌作用比氧氟沙星略强，单胃动物口服吸收率可达 100%

（续）

名 称	性状和功用	制剂、用法和注意事项
喹诺酮类药物	恩诺沙星 对支原体也有效，用于巴氏杆菌、沙门氏菌、葡萄球菌、链球菌、支原体感染病，如支气管肺炎、乳腺炎、子宫内膜炎、肠炎、皮肤与软组织感染病的治疗	5%或10%恩诺沙星注射液，肌内注射一次量，驴每千克体重2.5毫克，每天2次
	丹诺沙星 氟喹诺酮专供兽用的广谱抗菌药，吸收后在肺组织的药物浓度是血液的5~7倍。对恩诺沙星耐药的细菌，本品仍然有效	丹诺沙星甲磺酸盐注射液，肌内或皮下注射一次量，驴每千克体重1.25毫克，每天2次。对巴氏杆菌、肺炎支原体、大肠杆菌引起的感染或混合感染引起的败血症、肺炎、下痢等病特别适用
	马波沙星 本品的抗菌谱广，抗菌活性强。对革兰氏阳性、阴性菌和厌氧菌及支原体都有很强的抗菌活性	对红霉素、强力素和磺胺类产生耐药的细菌本品仍然敏感，驴用量为每千克体重2~4毫克
	沙拉沙星 本品抗菌活性与对组织的渗透性强，能分布到体内各组织器官且能进入骨髓和通过血脑屏障，对革兰氏阳性菌、阴性菌及支原体和某些厌氧菌均有较强的杀菌力，杀菌作用不受细菌生长期或静止期的影响	盐酸沙拉沙星水溶性好，已有注射剂、口服液、预混粉剂和片剂等剂型

名　　称	性状和功用	制剂、用法和注意事项
咪唑类药物 甲硝唑	白色或乳白色结晶性粉末，溶于水。用于治疗阿米巴痢疾、鞭毛虫病、小袋虫病等原虫感染和脓肿、生殖道感染、腹膜炎、乳腺炎及坏死组织中的厌氧菌感染，具有高效低毒的特点	甲硝唑注射液，静脉注射一次量，驴每千克体重 10 毫克，每天 1 次，连用 3 天
二氨基嘧啶类药物（抗菌增效剂） 甲氧苄啶	抗菌作用与磺胺类药物相似，单用易产生细菌耐药性，很少单用。本品内服或注射易吸收。主要用作为抗菌增效剂，即按 1:5 与磺胺类（磺胺嘧啶、磺胺间甲氧嘧啶、磺胺二甲嘧啶、磺胺喹噁啉等）或抗生素（青霉素、红霉素、庆大霉素、多黏菌素）及其他合成抗菌药（如诺氟沙星、硫酸小檗碱）合成或制成复方增效剂，在临床应用于细菌感染	甲氧苄啶片，内服一次量，驴每千克体重 10 毫克，每 12 小时 1 次；甲氧苄啶注射液，肌内或静脉注射，参照片剂用量；复方磺胺嘧啶片、复方磺胺甲噁唑片（复方新诺明片）、复方磺胺间甲氧嘧啶片、复方磺胺对甲氧嘧啶片。内服一日量，驴每千克体重 30 毫克；复方磺胺嘧啶钠注射液、复方磺胺甲噁唑钠注射液（复方新诺明针剂）、复方磺胺对甲氧嘧啶钠注射液、复方磺胺邻二甲氧嘧啶钠注射液。静脉或肌内注射一日量，幼驴每千克体重 20～25 毫克。注意：①甲氧苄啶有致幼驴畸形（致畸）作用。妊娠初期母驴不宜使用。②其复方注射液系曾用 55% 丙二醇作溶媒（pH 9.5～10.0），刺激性较强，应深部肌内注射；静脉注射时需生理盐水或葡萄糖盐水稀释后缓慢注射。③市场上已有甲氧苄啶可溶性粉可用

（续）

名　称	性状和功用	制剂、用法和注意事项
抗螨虫药物	敌百虫	为白色结晶性粉末，有吸湿性，在水中和乙醇中易溶，是一种应用很广泛、疗效好而且价廉的广谱驱虫药和杀虫灭疥（疥螨）药，对驴副蛔虫有很好的驱除作用	精制敌百虫，内服一次量，驴每千克体重30~50毫克（极量每千克体重20克）。注意：①敌百虫是动物体胆碱酶抑制剂，治疗用量常可因剂量或投药不当或驴体反应不同而发生不同程度的副作用，甚至出现中毒现象，主要表现为流涎、腹痛、大小便失禁、缩瞳、呼吸困难和肌肉震颤乃至昏迷。轻反应时，症状能自行耐过消失；中毒较重时，可注射大剂量硫酸阿托品和碘磷啶（一般可不用）解救。②本品外用不能与肥皂合用，内服不能与碳酸氢钠或人工盐等碱性药物合用或先后投用，否则毒性增加
抗锥虫、梨形虫的药物	萘磺苯酰脲	抗马伊氏锥虫和马媾疫锥虫药	萘磺苯酰脲钠盐，为白色或粉红色粉末（临用前，以注射用水或生理盐水溶解后注射）。静脉注射一次量，驴每千克体重10~15毫克，有心脏、肾脏、肺、肝病的患畜禁用。注意：驴对本品较敏感，特别是严重感染的病驴注射后会出现荨麻疹、水肿、跛行、体温升高等症状，反应严重的可用氯化钙、安钠咖治疗
	三氮脒	黄色或橙色结晶性粉末，溶于水。治疗家畜梨形虫、鞭虫、附红细胞体、锥虫（伊氏锥虫、马媾疫锥虫）和无浆虫病。若剂量不足会使虫体产生耐药性	三氮脒粉剂，肌内注射一次量，驴每千克体重3~4毫克。临用前配成5%~7%溶液注射。注意：本品安全范围小、毒性较大，有时会出现不良反应。驴较敏感，忌用大剂量

一　驴的传染病

1. 马腺疫

马腺疫是马、骡、驴的一种急性传染病，3岁以下幼驴多发，临床症状以下颌淋巴结急性化脓性炎、鼻腔流出脓液为特征。病驴康复后可终身免疫，以后不得本病。

【病原及流行特点】　病原是马链球菌马亚种。链球菌随脓肿破溃和病驴喷鼻、咳嗽排出体外，污染空气、草料、水等，经上呼吸道黏膜、扁桃体或消化道感染健康驴。

【临床症状】

(1) 顿挫型　鼻、咽黏膜呈轻度发炎，下颌淋巴结稍肿胀，有中度增温后很快自愈。

(2) 典型型　病初体温升高至40～41℃，精神沉郁，食欲不振或废绝，鼻咽黏膜发炎，咳嗽，下颌淋巴结肿大，热而疼痛。因咽部发炎疼痛常头颈伸直，吞咽和转头困难。数天后淋巴结隆软，破溃后流出黄白色黏稠脓液。此时，体温恢复正常，其他症状也随之消失。

(3) 恶性型　链球菌经淋巴结、淋巴管、血液侵害或转移到其他淋巴结或脏器，引起全身性化脓性炎症时，称恶性腺疫，常侵害咽喉、颈前、肩前、肺门及肠系膜淋巴结，甚至转移到肺和脑等脏器。由于侵害部位不同，其危害和症状也有差异，此型转归多不良，侵入咽淋巴结时，可见呼吸困难而发生喉鸣音。脓肿破溃后，低头时脓液从鼻腔、口腔流出，若经气管吸入肺内可引起肺坏疽；若经肺门淋巴结，脓肿破溃后，脓汁流入胸腔及至肺内，可使病驴窒息而死亡。

【防治方法】

(1) 预防措施　对断奶幼驴应加强饲养管理，加强运动锻炼，注意优质草料的补充，增进抵抗力。发病季节要勤检查，发现病驴立即隔离治疗，其他幼驴可在第一天给10克、第二、第三天给5克的磺胺类药物（拌入料中），也可以注射马腺疫灭活菌苗进行

第八章　驴的疾病诊断与防治

181

预防。

（2）发病后治疗

① 局部治疗：可在肿胀部涂 10% 碘酊、20% 鱼石脂软膏，促使肿胀迅速化脓破溃。若已化脓，肿胀部位变软应立即切开排脓，并用 1% 新洁尔灭液或 1% 高锰酸钾溶液彻底冲洗。发现肿胀严重压迫气管引起呼吸困难时，除及时切开排脓外，可行气管切开术使呼吸通畅。

② 全身疗法：病后有体温升高时，应肌内注射青霉素 120 万单位，每天 3 次，病情严重的首次可静脉注射，也可口服磺胺噻唑 30 ~ 50 克。另外，可静脉注射黄色素、碘化钙、氯化钙或葡萄糖酸钙。若采食、饮水少，还可用输液疗法，内加维生素 C 20 毫升。

③ 中药治疗：病初可内服中药四子散加减：黄药子、白药子、栀子、车前子、黄芩、大黄和山豆根各 40 克，天花粉、玄参、银花、连翘、苏叶和桔梗各 30 克，黄连 20 克水煎服，每天 1 剂，连服 3 天，可以清热解毒，利咽消肿，驴个体小者可分两次服；中期可内服普济消毒饮加减：黄芪、连翘、桔梗各 30 克，郁金、栀子、山甲、皂角刺、天花粉、牛蒡子、黄芩、银花、川黄连和甘草各 25 克，水煎服。连服 3 剂，可以散瘀排脓。对脓溃而体温不降者，加生地、丹皮、玄参各 30 克，可以清热凉血；局部可取双白拔毒散：白及 60 克、白蔹、大黄、黄柏、栀子、郁金和姜黄各 30 克，共研细末、鸡蛋清或食醋调匀，敷下颌肿胀处，每天换药 1 次。

④ 加强护理：治疗期间，要给予富于营养、适口性好的青绿饲料和清洁的饮水，并注意夏防热、冬保暖。

2. 驴流行性乙型脑炎

流行性乙型脑炎是一种急性传染病。马属家畜（马、驴、骡）感染率虽高，但发病率低，一旦发病，死亡率较高。本病为人畜共患病，其临床症状为中枢神经功能紊乱（沉郁或兴奋和意识障碍）。

【病原及流行特点】　病原是乙脑病毒。本病主要经蚊虫叮咬而传播，具有低洼地发病率高和在 7 ~ 9 月气温高、日照长、多雨的季节流行的特点。3 岁以下幼驴发病多。

【临床症状】　本病潜伏期为 1 ~ 2 周。在起初的病毒血症期间，病驴体温升高达 39 ~ 41℃，精神沉郁，食欲减退，肠音多无异常。

部分病驴经1～2天体温恢复正常，食欲增加，经过治疗，1周左右可痊愈。部分病驴由于病毒侵害脑脊髓，出现明显神经症状，表现沉郁、兴奋或麻痹。临床可分为4个类型。

（1）沉郁型 病驴精神沉郁、呆立不动，低头耷耳，对周围的事物无反应，眼半睁半闭，呈睡眠状态。有时空嚼磨牙，以下颌抵饲槽或以头顶墙。常出现异常姿势，如前肢交叉、做圆圈运动或四肢失去平衡、走路歪斜、摇晃。后期卧地不起，昏迷不动，感觉功能消失，以沉郁型为主的病驴较多，病程也较长，可达1～4周。若早期治疗得当，注意护理，多数可以治愈。

（2）兴奋型 病驴表现兴奋不安，重则暴躁、乱冲、乱撞，攀爬饲槽，不知避开障碍物，低头前冲，甚至撞在墙上、坠入沟中。后期因衰弱无力，卧地不起，四肢前后划动（如游泳状）。以兴奋为主的病程较短，多经1～2天死亡。

（3）麻痹型 病驴主要表现是后躯的不全麻痹症状。腰萎、视力减退或消失、尾不驱蝇、衔草不嚼、嘴唇歪斜、不能站立等，病程较短，多经2～3天死亡。

（4）混合型 沉郁和兴奋交替出现，同时出现不同程度的麻痹。本病死亡率为20%～50%。耐过驴常有后遗症，如腰萎、口唇麻痹、视力减退、精神迟钝等症状。

【防治方法】

（1）预防措施 对4～12月龄和新引入的外地驴可注射乙脑弱毒疫苗，每年6月至第二年1月，肌内注射2毫升。同时要加强饲养管理，增强驴的体质。做好灭蚊防蝇工作。及时发现病驴，并实行隔离医治（发生本病后，所养驴每天进行体温检查，发现体温升高者即进行隔离治疗）。无害化处理病死驴的尸体，严格消毒、深埋。

（2）发病后治疗 本病目前尚无特效疗法，主要是以降低颅内压、调整大脑机能、解毒为主的综合性治疗措施，加强护理，提早治疗。

① 加强护理：专人看护，防止发生褥疮。加强营养，及时补饲或注射葡萄糖，维持营养。

② 降低颅内压：对重病或兴奋不安的病驴，可用采血针在颈静脉放血800～1000毫升，然后静脉注射25%山梨醇或20%甘露醇注

射液，每次用量按每千克体重 1～2 克计算，间隔 8～12 小时。再注射 1 次，可连用 3 天。间隔期内可静脉注射高渗葡萄糖液 500～1000 毫升。在病的后期，血液黏稠时，还可注射 10% 氯化钠注射液 100～300 毫升。

③ 调整大脑机能：有兴奋表现的病驴，可每次肌内注射氯丙嗪注射液 200～000 毫克，或 10% 溴化钠注射液 50～100 毫升。

④ 强心：心脏衰弱时，除注射 20%～30% 葡萄糖注射液外，还可用注射樟脑水或樟脑磺酸钠注射液。

⑤ 利尿解毒：可用 40% 乌洛托品注射液 50 毫升 1 次静脉注射，每天 1 次。膀胱积尿时要及时导尿。为防止并发症，可配合链霉素和青霉素，或用 10% 磺胺嘧啶钠注射液静脉注射。

⑥ 中药石膏汤加减对本病的疗效较好，其配方如下：

生石膏 150 克、元明粉 120 克、天竺黄 21 克、板蓝根 60 克、大青叶 60 克、青黛 21 克、滑石 50 克和朱砂 20 克（另包），水煮 2 次，合液，上、下午各 1 次，冲朱砂灌服。加减：病驴高热不退加知母 50 克、生甘草 21 克，重用生石膏；大便秘结加生大黄 100 克，重用元明粉；津液不足，加玄参 24 克、生地 24 克、天冬 25 克，轻用元明粉、滑石；高热昏迷者，重用天竺黄、青黛，加连翘 21 克、山栀 21 克、黄芩 21 克；抽搐不止者，加全蝎 21 克、蜈蚣 12 克（均另包研末以药汁冲灌服）；病后虚弱者，加当归 35 克、白术 35 克、熟地 40 克、天冬 30 克、麦冬 30 克、白芍 21 克和牡蛎 45 克，以补气血。

3. 驴传染性胸膜肺炎

驴传染性胸膜肺炎又称胸疫，是驴的一种急性热性传染病。病变部位主要发生在胸膜、气管、支气管、肺部细支气管和肺泡。典型病例表现为大叶性肺炎或胸膜肺炎。

【病原及流行特点】　病原是传染性胸膜肺炎病毒。本病多为直接或间接接触传染。驴、骡、马都有易感性。常见的为 2 岁以上幼驴及壮年驴，幼驴和老龄驴发病较少。驴一经发病，病情就较严重，治疗上也有一定的困难。

本病有厩舍病之称，舍饲驴发病高于群牧驴。因肉驴多为舍饲，故应引起重视。本病发生和流行有明显的季节性，多为早春、秋冬季节，气候多变时最易发生。牧区驴多发于 4～5 月，气候干燥，饮水不足的情况下多见，呈散发性，甚至暴发。若发病期突然下雪、降雨和气温下降，可暂时使本病受到抑制，待雪融地干、气温回升后，又在驴群中活跃。本病在驴群中散发时，一般呈跳跃式发病，先在一个驴群中发病，每隔数天后又有新的驴发病。

【临床症状】

(1) 典型胸疫 较少见，呈现纤维素性肺炎或胸膜炎症状。病初驴突发高热（40℃以上），稽留不退，持续 6～9 天或更长，以后体温突降或渐降。若发生胸膜炎时，体温反复，病驴精神沉郁、食欲废退、呼吸和脉搏频次增速。结膜潮红、水肿，微黄染。皮温不整，全身战栗。四肢乏力，运步强拘。腹前、腹下及四肢下部出现不同程度的水肿。

病驴呼吸困难，次数增多，呈腹式呼吸。病初流水样鼻液，偶见痛咳，听诊肺泡音增强，有湿啰音。中后期流红黄色或铁锈色鼻液，听诊肺泡音减弱、消失，到后期又可听见湿啰音及捻发音。经 2～3 周恢复正常。炎症波及胸膜时，听诊有明显的胸膜摩擦音。

病驴口腔干燥，口腔黏膜潮红带黄，有少量灰白色舌苔。肠音减弱，粪球干小，并口流黏液，后期肠音增强，出现腹泻且粪便恶臭，甚至并发肠炎。

(2) 非典型胸疫 表现为一过型，较常见。病驴突然发热，体温达 39～41℃。全身症状与典型胸疫初期相同，但比较轻微。呼吸道、消化道往往只出现轻微炎症、咳嗽、流少量水样鼻液，肺泡音增强，有的出现啰音。若及时治疗，经 2～3 天后，很快恢复。有的仅表现短时体温升高，而无其他临床症状。非典型的恶性胸疫，多因发现太晚、治疗不当、护理不周所造成。

【防治方法】

(1) 预防措施 加强饲养管理，特别在冬、春季节要补好饲料，喂给充足的饮水，提高驴的抵抗力。圈舍保持卫生，干燥通风。发现病驴，立即隔离治疗，严格与健康驴群分开饲养，并对圈舍、用具用 2%～4% 氢氧化钠溶液或 3% 来苏儿溶液进行彻底消毒。

(2) 发病后治疗

1）应用抗菌消炎药治疗。及时使用新胂凡纳明（914），按每千克体重 0.015 克，用 5% 葡萄糖注射液稀释后静脉注射，间隔 2～3

天后，可进行第二次注射，为防止继发感染，还可用青霉素、链霉素和磺胺类药物注射。对伴有消化不良的病驴，可内服缓泻剂清理肠道。对发胃肠炎的病驴，注意输液、强心，消炎解毒，按胃肠炎处理。此外，对患胸膜、肺部疾病的驴，可根据具体情况进行对症处理。为防止自体中毒，可静脉注射樟脑酒精葡萄糖液等。

若驴群大量出现胸疫时，应全群体温检查。凡体温高于39℃以上的病驴，应使用新肿凡纳明进行静脉注射，在一个发病季节内反复进行2~3次。有条件的，可使用新肿凡纳明，按每千克体重2~2.5克，进行静脉注射预防，常可收到良好效果。

2）应用中药要辨证施治。病初邪在表，可用桑菊银翘散或款冬花散治疗。对发热、咳嗽、气喘、流脓性鼻液、脉相洪数等典型病症，属里实热症，应用清肺止咳散。

清肺止咳散方：当归21克、知母25克、冬花30克、桑白皮25克、瓜蒌30克、桔梗21克、黄芩25克、木通25克、甘草20克、大黄25克、陈皮20克、紫菀21克、马兜铃15克、天冬20克和百合20克，共研细末，开水冲，候温灌服。

① 初期加减：加杏仁25克、苏叶25克、防风25克、荆芥25克。

② 中期加减：热盛者加栀子21克、丹皮21克、杷叶21克；热盛气喘者，加生地30克、黄柏30克，重用桑白皮、苏子、赤芍；流脓涕者，减天冬、百合，加金银花20克、连翘21克、车前子21克，重用桔梗、贝母、瓜蒌等；粪干者，加蜂蜜60克；口内涎多者，加桔矾10克；胸内积水者，重用木通、桑白皮，加滑石100克、车前子21克、旋复花21克、猪苓25克、泽泻25克；年老体弱者，重用百合、天冬、贝母，加秦艽21克、鳖甲30克等。

③ 后期加减：脾胃虚弱者，减寒性药，重用当归30克、百合30克、天冬21克，加苍术21克、厚朴21克、枳壳21克、椰片21克、法夏21克；气血虚弱者，减寒性药，重用当归30克、百合30克、天冬21克，加苍术21克、党参30克、山药30克、五味子21克、白芍21克、熟地30克、秦艽21克、黄芪21克和首乌21克等。

4. 流行性感冒

驴流行性感冒是一种病毒引起的呼吸道传染病，以咳嗽、流鼻涕和发热为特征，马、骡、驴均可感染，常引起大流行。

【病原及流行特点】 病原是驴流感病毒，目前分离到 A_1、A_2 两个型，相互不能形成交叉免疫。该病毒对外界条件的抵抗力较弱，在室外经 0.5 小时便可灭活，在 56℃ 热水中很快死亡；一般消毒药（如福尔马林、来苏儿、食醋等）都能很快杀灭流感病毒，但在低温条件下可存活较长时间，故冬、春季多发。

驴流感病毒存在于病驴呼吸道黏膜及分泌物中，当病驴咳嗽、打喷嚏时，将带有病毒的分泌物喷出形成飞沫在空中漂浮，健康驴吸入这种飞沫后，就会感染发病。不分年龄、品种，均可感染，但当生产母驴或劳役使抵抗力降低和体质较差的驴发病较多，病情较重。气候多变的季节多发。

【临床症状】 病驴流感症状比较一致，但由于驴个体抵抗力的强弱、饲养管理的好坏，以及流行季节等的不同，临床上常表现为 3 种类型。

（1）一过型 比较多见，主要表现咳嗽，流清鼻涕，体温正常或稍高，而后很快下降。精神及全身变化多不明显，病驴 7 天左右可自愈。

（2）典型型 表现剧烈咳嗽，病初带痛干咳，咳嗽声短而粗，几天后变为湿咳，咳声低而长，痛苦减轻。有些病驴往往在连续咳嗽时，伸颈摇头表现不安，甚至有的在咳嗽时粪尿随咳嗽动作排出。咳后病驴表现疲劳不堪，当病驴在运动或受尘土、冷空气等刺激时，咳嗽症状便显著加重。病驴鼻涕初为水样，随后变为混浊黏稠呈灰白色，个别呈脓样或混有血液。精神沉郁，全身无力，食欲减退，有的口渴喜饮，体温可升高到 39.5～42℃。呼吸增数，心跳加快，每分钟可达 70～90 次。个别病驴四肢或躯干出现浮肿。若能精心饲养，加强护理，充分休息，适当治疗，经 2～3 天体温可恢复正常，咳嗽症状减轻，2 周左右可康复。

（3）非典型型 若对病驴护理不好，治疗不当，发病后继发气管炎、肺炎、肺气肿和肺泡破裂等，可引起死亡。

在继发感染的情况下，常见到持续性高热，或体温下降后又重新上升，鼻流大量黏液，发生并发症和继发症则病情更加复杂，除表现原发病的症状外，还表现并发症和继发症的症状。据观察幼驴

发生严重的病毒性肺炎时，常于 48 小时内死亡。

临床上主要依据其症状和明显的传染性进行诊断。必要时，采集发病后 48 小时内的鼻液送上级兽医部门进行病毒分离以确诊。

【防治方法】

(1) 预防措施　主要是做好日常的饲养管理，以增强体质，勿使过度疲劳，注意兽医疫情侦察，掌握疫情动态，提早做好隔离、检疫、消毒工作。

在出现疫情时，对舍饲驴的圈舍可用食醋熏蒸法进行预防。按驴舍每立方米用食醋 2～3 毫升，加水 1/4，盛在盆内置于火上加热，让驴吸入食醋蒸汽。熏蒸时要关好门窗，每天 1～2 次，每次 30～40 分钟，直到疫情稳定。还可试用贯众、板蓝根、大青叶、牛蒡子各 30 克，人工盐 50 克，放饮水中浸泡，让驴自饮（此方为 1 头驴 1 天的药量）。

(2) 发病后治疗　在治疗中护理是关键。让病驴充分安静休息，以中西医结合方法治疗。防止受凉和尘土的刺激，多给饮水和营养丰富、易于消化吸收的青绿饲料。

为降低升高的体温，可肌内注射阿尼利定 10～20 毫升，每天 1～2 次，连用 2 天。咳嗽剧烈的可用复方樟脑酊 15～20 毫升，或杏仁水 20～40 毫升，或远志酊 25～50 毫升。痰多者加氯化铵 8～15 克，也可用食醋蒸汽吸入法。

中药可用加减清瘟败毒散：生石膏 120 克、生地 30 克、桔梗 17 克、栀子 24 克、黄芩 30 克、知母 30 克、玄参 30 克、连翘 24 克、薄荷 12 克、大青叶 30 克、牛蒡子 30 克和甘草 17 克，共研细末，开水冲或煎汤灌服。

若病驴持续性高热，全身症状重剧，有并发症或继发症的标志，应及早应用抗生素或磺胺类药物输液，并进行对症治疗。

5. 鼻疽

鼻疽是驴、马、骡等的一种传染病，在鼻腔、肺、皮肤、淋巴结和其他实质性器官形成特异性结节、溃疡、疤痕为特征病变。驴发病较多，且更为严重。

【病原及流行特点】　病原是鼻疽杆菌。鼻疽杆菌通过病驴的鼻涕及溃疡分泌物排出体外，污染饲料、饲草、饲喂用具、草场和圈舍等而传播疫病，主要经消化道、损伤的黏膜、皮肤传染。

【临床症状】

(1) 急性型 鼻疽通常体温升高，呈弛张热，常发生干性无力的咳嗽，当肺部病变范围较大或蔓延至胸膜时，呈现支气管肺炎症状，公驴睾丸肿胀。发病末期，常于胸前、腹下、乳房、四肢下部等处浮肿。急性鼻疽在驴多见，常呈急性死亡。

(2) 开放性鼻疽 多由急性转来，除有急性鼻疽的症状外，还出现鼻腔或皮肤的鼻疽结节。前者称鼻腔鼻疽，后者称皮肤鼻疽。

① 鼻腔鼻疽：鼻黏膜先红肿，可见绕以红晕的小米至高粱米大的结节。结节破溃后形成溃疡。同时，排出含大量鼻疽杆菌的鼻液，溃疡愈合形成星芒状疤痕，患病侧下颌淋巴结肿大、变硬而无痛感，也无发热。

② 皮肤鼻疽：以后肢多见，局部皮肤发生炎性肿胀，继而形成硬的黄豆大甚至鸡蛋大的结节，结节破溃后排出灰黄色或混有血液的黏稠脓液，形成边缘不整齐的难以愈合的溃疡。溃疡底呈黄白色的结节和附近淋巴管肿大，坚硬，粗如绳索，沿此索状肿形成许多结节，呈串珠状。往往由于病灶扩大蔓延，皮肤高度肥厚，患肢粗大。

(3) 慢性鼻疽 病驴多瘦弱，病程长达数月、数年，多由急性或开放性鼻疽发展而来，也有一开始就慢性经过的，驴患本病型的极少见。症状多不明显，有的仅见鼻腔黏膜上有星芒状结节或溃疡。若饲养管理不当，抵抗力降低，可使病情迅速恶化。

【诊断依据】 除注意临床症状外，主要是鼻疽菌素点眼和皮下注射，必要时可做补体结合反应。

(1) 鼻疽菌素点眼反应 此法操作简便，对驴鼻疽检出率很高，适合大批驴的检疫。但应注意，驴对鼻疽菌素的敏感性较低，反应迟钝，有的甚至不呈现反应，可改用颈部皮下注射法检疫，也可以请兽医检查。

(2) 补体结合反应诊断 驴感染鼻疽后，经 10~14 天在血液内就可出现补体结合抗体。本反应诊断操作技术要求高，应采血清送专门的兽医诊断实验室进行。

【防治方法】

(1) 预防措施 加强饲养管理控制传播途径，做到用具固定，

不饲喂污染的草料。将病驴淘汰或隔离饲养，其排泄物、分泌物、垫草等应严格消毒、焚烧或发酵处理；建立与落实鼻疽检疫制度，每年春、秋两季进行1次临床检查和鼻疽菌素点眼或皮下注射，检出病驴严格隔离或淘汰处理，对患开放性鼻疽的驴要坚决杀死、深埋或火烧。

（2）发病后治疗　目前尚无有效疫苗和彻底治愈措施。可以使用土霉素疗法，将土霉素2~3克溶解于15~30毫升5%氯化镁溶液中，分3处进行肌内注射，隔日1次，可治愈，但仍是带菌者。

6. 坏死杆菌病

坏死杆菌病是各种动物都能感染的一种慢性传染病。临床特征为四肢下部皮肤，特别是蹄冠和蹄球部及其皮下组织发生坏死。

【病原及流行特点】　病原是坏死杆菌。坏死杆菌为多形态的厌气菌，存在于草食动物的粪和土壤中。一般消毒药能很快将其杀死，对4%醋酸溶液更敏感。本病常由损伤的皮肤感染，多发生在雨季和潮湿、圈舍运动场地面泥泞、积粪不洁的环境。

【临床症状】

（1）局部症状　患肢跛行，常在蹄冠边缘或系部皮肤出现热痛肿胀，流出少量的黏性渗出液，若及时治疗很快可愈。否则，炎症继续发展，跛行加重，肿胀部皮肤破溃，由破溃处或蹄冠裂隙流出恶臭脓液。溃疡面污秽不洁，呈赤红色，布满恶性肉芽，有的结痂，痂皮下组织继续坏死，可侵害软骨、肌腱及韧带，有的形成瘘管，有的发展为急性蜂窝组织炎，肿胀迅速扩展，严重者可造成蹄壳脱落。

（2）全身症状　重病病例体温升高至39.5~40.5℃，精神沉郁，食欲减退或废绝。若病菌转移到肺，可出现肺坏疽而死亡。

【防治方法】

（1）预防措施　关键在于随时清扫圈舍、运动场地面的粪尿积水，保持干燥，并定期用4%醋酸溶液消毒。

（2）发病后治疗　局部疗法很多，可把病驴放在清洁干燥处进行治疗。清除结痂，用1%高锰酸钾溶液或4%醋酸溶液冲洗后，涂10%甲紫酒精溶液，也可用5%甲紫软膏或20%硫酸镁、2%高锰酸钾液绷带包扎。重症病例，还应配合磺胺、抗生素类药物对症治疗。

溃疡面长期不愈合，可用青霉素鱼肝油油膏或消炎生肌散。

中药治疗：龙骨 30 克、熟石膏 20 克、黄连 30 克、双花 30 克、轻粉 15 克、冰片 10 克、樟脑 15 克、白及 30 克、大黄 15 克、桔矾 30 克，共研细末，撒布患处，用纱布包扎，每天 1 次，有消炎退肿、去腐生肌的作用。

7. 流行性淋巴管炎

本病是由流行性淋巴管炎囊球菌引起的驴的一种慢性传染病。其临床特征是在皮下的淋巴管及其邻近的淋巴结、皮肤和皮下结缔组织形成结节、脓肿和花菜样溃疡。

【病原及流行特点】 病原为流行性淋巴管炎囊球菌。该菌的抵抗力很大，直射阳光下可生存 5 天，5% 石炭酸（苯酚）需 1～5 小时、5%～20% 漂白粉需 1～3 小时才能将其杀灭。病驴是本病的传染源，占囊球菌存在于病变部的脓汁和溃疡分泌物中，主要经创伤感染。发病无严格的季节性，一旦发病，短时期内不易扑灭。

【临床症状】

（1）皮肤、黏膜形成结节 发病初期常在四肢、头、颈及胸侧的皮肤和皮下组织，发生豌豆大至拇指头大的结节；坚硬无痛。发生在鼻腔、口唇等黏膜的结节，呈黄白色或灰白色，圆盘状突起，边缘整齐，周围无红晕。发病中、后期结节形成脓肿，脓肿破溃后，流出黄白色黏稠脓液，继而形成溃疡，溃疡面凸出于周围皮肤而呈花菜样。溃疡不易愈合，痊愈后常遗留疤痕。

（2）淋巴管呈串珠状肿大 患部的淋巴管和淋巴结肿大，如粗硬的绳索状，沿肿胀的淋巴管形成许多小结节，呈串珠状。结节软化破溃后，也形成花菜样溃疡。

全身症状一般不明显。病灶面积过大时，常引起食欲减退，体温略高，逐渐消瘦，病程可持续数月，较难治愈。

【诊断依据】 根据体表淋巴管索状肿胀、串珠状结节状溃疡及全身症状不明显等，结合流行情况，可初步诊断。细菌学检查是采取病变部的脓液或分泌物进行镜检，若见到卵圆形双外膜的囊球菌，即可确诊。

【防治方法】

（1）预防措施 在平时的饲养管理中，消除能引起外伤的各种

因素，外伤发生后及时治疗均可预防本病的发生。

（2）发病后治疗

① 局部疗法：洗去患部脓液后，将高锰酸钾粉撒于创面，用纱布棉球摩擦，反复几次，手术摘除皮肤结节，切除后的创面涂擦20%碘酊。此后，每天用1%高锰酸钾溶液冲洗，再涂上碘酊，并覆盖灭菌纱布。不宜做手术之处，可用烧烙或升汞溶液分点注射，每点注射1~2毫升于结节周围。

② 全身疗法：新胂凡纳明和碘化钾静脉注射，每千克体重10~15毫克溶于5%葡萄糖生理盐水200~500毫升，一次静脉注射，第二天用5%碘化钾溶液100毫升静脉注射。隔3~5天重复1次，4次为1个疗程，可单独使用新胂凡纳明治疗。或用0.5%黄色素液100~150毫升（每千克体重4毫克），一次静脉注射，每隔4~6天注射1次，4次为1个疗程，也可以用土霉素进行治疗。

8. 破伤风

破伤风俗称"锁口风"，其特征是病驴全身肌肉或某些肌群呈现持续性的痉挛和对外界刺激的反射兴奋性增高。

【**病原及流行特点**】 病原体是破伤风梭菌，广泛存在于土壤和粪便中，能产生芽孢。革兰氏染色呈阳性。该菌在机体内能产生外毒素，即痉挛毒素和溶血毒素。毒素的耐热性甚小，在65℃条件下，经5分钟可被杀灭。该菌的繁殖体抵抗力不强，一般消毒药均能在短时间内将其杀灭。芽孢的生存力甚强，煮沸需1小时才能杀灭。

通常由伤口感染，但并非一切外伤均可引起传染。只有具备无氧的条件才能使动物发病。因此，小而深的伤口（刺伤、钉伤）或创口被泥土、粪便、痂皮封盖，或创内组织损伤严重，或与需氧菌共同感染等，都适合破伤风芽孢的发育。

【**临床症状**】 本病潜伏期一般为1~2周，个别的40天以上。病初驴咀嚼缓慢，运动障碍，步态稍强拘。随后出现全身骨骼肌强直性痉挛。病驴开口困难，采食和咀嚼障碍，重者牙关紧闭，咽下困难，流涎；两耳竖立，不能摆动；瞬膜外凸；鼻孔开张；头颈直伸，背腰强拘，肚腹蜷缩，尾根高举；四肢强直，呈木马状；各关节屈曲困难，运步显著障碍，转弯或后退更显困难，容易跌倒；反射机能亢进，稍有刺激，病驴惊恐不安，大量出汗，病驴意识正常。

病程一般为 8~10 天，常因心脏停搏而窒息。根据临床症状易做出诊断。

【防治方法】

（1）预防措施 每年定期皮下注射破伤风类毒素，用量为 1 毫升，免疫期为 1 年，第二年再注射 1 次，免疫期可达 4 年。对发生大创伤、深创伤的，可肌内注射抗破伤风血清 1 万~3 万单位。

（2）发病后治疗

① 中和毒素：静脉或肌内注射抗破伤风血清（破伤风抗毒素），首次用足量（50 万~100 万单位），以后不再用。抗破伤风血清可在体内保持 2 周，一次大量注射比少量多次注射效果好，也可将总用量分 2~3 次注射。

② 镇静：解痉用 25% 硫酸镁溶液 60 毫升静脉或肌内注射，每天 2 次，直至痉挛缓和为止。静脉注射时要缓慢，防止因呼吸中枢麻痹而引起死亡。或用氯丙嗪 200~300 毫克，肌内注射，每天 1~2 次。

③ 消除病原：扩创后，应用 3% 过氧化氢溶液或 0.1% 高锰酸钾溶液冲洗，并用青霉素治疗 3~5 天，这是根治的关键。

④ 中药治疗：防风 60 克、羌活 60 克、天麻 15 克、天南星 15 克、炒僵蚕 60 克、川芎 24 克、蝉蜕 45 克（炒黄研末）、红花 30 克、全蝎（去头足）12 克、姜白芷 15 克和半夏 24 克，以黄酒 130 毫升为引，连服 3~4 剂。以后则每隔 1~2 天服 1 剂，引药改用蜂蜜 150 克或猪胆 2 个，至病情基本稳定时，即可停药观察。

⑤ 护理：破伤风病驴的护理十分重要。应使病驴保持安静，牵至较暗单厩内。不能采食的，喂以豆浆、料水、稀粥等。防止其摔倒、碰伤、骨折，重症者可用吊起带扶持。根据情况，对症治疗。

9. 驴副伤寒

驴副伤寒是由马流产沙门氏菌引起的马属动物的一种传染病。临床特征是妊娠母驴发生流产，公驴表现为睾丸炎、鬐甲肿，幼驴主要表现为关节肿大、下痢，有时还见支气管肺炎。

【病原及流行特点】 病原为马流产副伤寒杆菌，革兰氏染色呈阴性，对外界环境的抵抗力较强，用 0.5% 甲醛溶液、3% 苯酚溶液、3% 来苏儿 15~20 分钟可将其杀灭。

各种年龄的驴均可发病，初产驴和幼驴易感性高。主要经被污染的饲料、饮水由消化道传染；健康驴与病驴交配或用病驴的精液人工授精时也能发生感染。初生驴的发病可因母驴子宫或产道内感染而引起。

本病常发生于春、秋两季，以第一次妊娠母驴发生流产较多，流产多发生在妊娠中、后期即 4 ~ 8 个月。流产过的母驴，由于获得一定的免疫力，很少再次流产。

【临床症状】

（1）流产母驴的症状　流产前，病驴有轻微腹痛，频频排尿，乳房肿胀，阴道流出血样液体，有时战栗、出汗，继而发生流产。但有的病驴不呈现明显的临床症状而突然发生流产。

流产后，从阴道流出红色的黏液，以后变为灰白色，多数自愈。但有少数病驴因继发子宫内膜炎，从阴道流出污秽不洁的红褐色腥臭液体，若不及时治疗，可能导致败血症而死亡。

（2）公驴的症状　主要表现为病初体温升高和睾丸炎。睾丸、阴囊及阴茎发生局限性热痛肿胀。病程稍长者，肿胀变硬，往往失去种用价值。有的发生关节炎、鬐甲部脓肿。肿胀破溃后，流出黄色脓液，易形成瘘管，很难愈合。

（3）幼驴症状　病初体温升高至 40℃ 以上。病驴有的出现肠炎症状，有的表现为支气管肺炎，有的发生四肢多发性关节炎，又热又痛，触摸有波动，跛行，严重者躺卧。有的在臀、背、腰或胸侧等处，出现热痛性的肿胀，有时能自然消散，有时化脓坏死。

【诊断依据】　根据临床症状、流行病学和病理变化，虽能提供诊断的依据，可做出初步诊断，但确诊必须用细菌学和血清学检查。

【防治方法】

（1）预防措施　搞好环境和饲料、饮水卫生，保持驴舍干燥通风，定期进行消毒；饲料营养全面。

（2）发病后治疗　治疗应用链霉素、土霉素肌内注射，连续用药 5 天，停药 2 天，为 1 个疗程。流产母驴阴道有恶露流出时，用 0.2% 高锰酸钾溶液 5000 ~ 1000 毫升冲洗，每天 1 次，直至分泌物流出为止。伴发子宫内膜炎时，将 2 ~ 3 个金霉素胶囊放入子宫内。

中药治疗：黄芪 35 克、当归 25 克、川芎 25 克、白芍 15 克、丹皮 15 克、双花 35 克、连翘 35 克、红花 25 克、桃仁 15 克、土虫 12克、茯苓 15 克，共研细末，开水冲，候温一次内服，每天 1 次，连用 5 剂。

发生睾丸炎时，每天应用复方醋酸铅散加醋调成糊状，涂擦在睾丸肿胀部，直至消肿为止。若睾丸肿胀时间较长，而且较坚硬，可用 10% 松节油软膏涂擦 1~2 次，再用复方醋酸铅散加醋调成糊状涂擦，效果更好。鬐甲部瘘管可用外科疗法进行治疗。

病驴关节肿大时，向关节腔内注射环丙沙星或恩诺沙星、普鲁卡因和泼尼松，间隔 5 天再注射 1 次。腹泻的病驴，可口服氟苯尼考和盐酸小檗碱。

二 驴的寄生虫病

1. 驴血孢子虫病（梨形虫病）

【病原及流行特点】　驴血孢子虫病包括马梨形虫病原体、马梨形虫和四联梨形虫（纳塔梨形虫）。驴血孢子虫病是由蜱传播的。因此，本病的发生随着蜱的活动呈现出明显的地区性和季节性。马、骡对本病也易感，以马多见，我国各地均有发生。

血孢子虫寄生在驴的红细胞内，虫体呈椭圆形、梨形、圆形等各种形状。典型的驴梨形虫是在一个红细胞内有 2 个梨籽形虫体，以锐端相互联接，虫体长度一般大于红细胞半径，每个虫体有两团染色质。典型的四联梨形虫是在一个红细胞内有 4 个梨籽形虫体，联成十字形，虫体长度小于或等于红细胞半径，每个虫体只有一团染色质。

【临床症状】　病驴体温升高到 39.5~41.5℃，呈稽留热，精神沉郁，运步不稳。随大量红细胞被破坏，血液中胆红素增多，可视黏膜贫血、黄疸，直肠和阴道黏膜最为明显。往往在瞬膜及其他黏膜上出现大小不等的出血点和出血斑。食欲减退，粪球附着多量黏液偶有血丝，个别病驴发生腹泻。胸前、腹下水肿，尿呈深黄色，豆油状，个别出现血红蛋白尿。心搏动亢进，节律不齐，脉相细数，呼吸迫促。病势发展很快，几天之内病驴明显消瘦。妊娠母驴发病后易流产或早产。

【诊断依据】　当临床上遇到高热稽留、精神沉郁、急剧贫血、

消瘦和明显的黄疸症状，就应考虑到驴血孢子虫病。然后，结合发病季节、流行情况及有关传播犁形虫病的蜱活动等做出初步诊断。最后，还通过血液涂片检查，发现虫体，根据虫体形态可诊断为犁形虫或四联犁形虫病。

典型的驴犁形虫检查的方法：在病驴发热时，从耳尖血管刺破采血做涂片、染色、镜检，若一次检查未发现虫体，还不能否定驴犁形虫病，应反复多次检查，也可用特效药，进行治疗性诊断。若应用台盼蓝治疗后，体温下降，病情好转，可确诊为驴犁形虫病；若体温不下降，病情未好转，可再用黄色素进行试治，如果取得了效果，可确诊为四联犁形虫病。

【防治方法】

（1）预防措施　在犁形虫流行地区灭蜱，每年应在蜱出现的季节前，发动群众开展防蜱灭蜱工作。在流行季节经常检查驴体，随时消灭驴体上的蜱。此外，要注意观察驴群，做到早发现、早确诊、早治疗。

（2）发病后治疗

① 国产贝尼尔：治疗驴犁形虫病疗效好，副作用小，每千克体重 3.7 毫克，用蒸馏水或生理盐水配成 7% 溶液，深部肌内注射，通常 1 次可愈。必要时，第二天再注 1 次。

② 黄色素：按每千克体重 0.003 ~ 0.004 克，以生理盐水配成 0.9% ~ 1% 溶液，滤过后在水浴锅中灭菌 30 分钟候温静脉注射。注射时，要防止漏到皮下，一般用药后 24 ~ 30 小时，体温就可下降。必要时，可进行第二次注射，但肝脏、肾脏等实质器官有慢性炎症者慎用。

③ 阿卡普林：按每千克体重 0.001 ~ 0.006 克，配成 5% 水溶液，皮下或肌内注射。48 小时后再注射 1 次，效果更为确实。有的病驴注射后会出现腹痛、体温升高、腹泻、心跳加快、出汗、肌肉震颤、流涎等副作用，可采取强心补液等对症疗法处理。

④ 台盼蓝：按每千克体重 0.005 克，以生理盐水配成溶液，加温使充分溶解，用棉花过滤。在水浴锅中灭菌 3 分钟，静脉注射。注射时，防止漏入皮下，以减少副作用。药液温度保持 37℃ 左右，注射速度要慢，并注意观察全身反应，病驴发生肌肉震颤、发汗或

体躯摇晃等现象时要防止其跌倒，反应严重时停止注射，剩余药液于12小时后再用。注射后体温不降，第二天可再注射1次。

2. 驴胃蝇蛆

【病原及流行特点】　病原是马胃蝇蛆（幼虫），主要寄生在驴胃非腺体区的黏膜上，有时还寄生在食道黏膜上，感染率比较高，有的驴感染强度也很大。本病是驴、马、骡常见的慢性寄生虫病。马胃蝇发育史约1年。整个生活史要经过虫卵、幼虫、蛹、成虫4个阶段。成虫在自然界只能存活数天，雄蝇与雌蝇交尾后很快死亡，雌蝇将卵产于驴的被毛上，当驴啃咬被毛时，虫卵经口腔进入胃内发育为幼虫，并在较长时间内寄生在胃和食道黏膜上。第二年春末夏初，第三期幼虫成熟后从胃壁脱落随粪尿排出体外，有的还暂时寄生在肛门内的直肠黏膜上，后排出体外，在地表的粪便内发育成蛹、成虫。

马胃蝇蛆以口钩固着在胃或食道黏膜上，吸取营养，刺激导致局部发炎或形成溃疡。在食道内寄生者，常因其体表的小饲草不能顺利通过，逐渐形成食道憩室或食道阻塞。

【临床症状】　由于胃内寄生大量马胃蝇蛆刺激导致局部发炎或溃疡，使食欲减退，消化不良或形成食道憩室或阻塞。病驴表现腹痛或食道阻塞的症状。驴体消瘦，毛焦欣吊，粪球松软，不定时地表现消化功能紊乱。

【防治方法】

（1）预防措施　注意及时清除粪便，并做堆积发酵处理以消灭排出的幼虫。

（2）发病后治疗　可用精制敌百虫驱虫，按每千克体重0.03~0.05克，以中性水稀释成5%~10%的水溶液，在绝食1天后灌服，每年春、秋季各1次。有的驴对敌百虫较敏感，可降低剂量。灌服后若有严重副作用，如口流大量涎液、腹痛、腹泻，可皮下注射硫酸阿托品溶液35毫升，肌内注射解磷定，每千克体重20~30毫克，及时抢救。

3. 驴疥癣病

驴疥癣病是一种高度接触性传染性皮肤病，以全身发痒和患处脱毛为特征。

【病原及流行特点】　病原是疥螨。疥螨寄生于宿主的皮肤深层，形成虫道。雌虫在虫道内产卵，在适宜条件下经 3 ~ 7 天孵化出幼虫。幼虫经 3 ~ 4 天蜕皮后变成若虫，若虫再经 1 次蜕皮即变为成虫。疥螨寄生于宿主体表有毛部的皮肤表面，并在那里繁殖发育。疥癣病主要由于健康驴与病驴直接接触或通过污染的厩舍、用具、鞍挽具等间接接触而引起感染，主要发生于冬季和秋末春初，特别是在厩舍潮湿、驴体卫生不良、毛长而密、皮肤表面湿度较大的条件下，最适合疥螨的发育繁殖。

【临床症状】　疥螨是寒冷地区冬季的常发病。病驴皮肤奇痒，出现脱毛，皮肤流黄水和结痂。由于皮肤瘙痒，病驴终日啃咬、摩墙擦桩、烦躁不安，不能正常采食和休息，上膘慢或消瘦。在冬、春季，若脱毛面积大还会冻死。

【防治方法】　本病关键在于预防，要经常刷拭驴体，搞好卫生，发现病驴立即隔离治疗。可把圈舍加温后，用 1% 敌百虫溶液喷涂或洗刷患部，每 5 天用药 1 次，连用 3 次，可用硫黄粉 4 份、凡士林 10 份配成软膏，涂擦患部，病舍内可用 1.5% 敌百虫溶液喷洒墙壁、地面以杀死虫体。

4. 蛲虫病

【病原及流行特点】　由驴尖尾线虫寄生在驴的大结肠内所致。雌虫夜间在驴的肛门处产卵，虫体细小呈白色。

【临床症状】　由于虫体产卵在肛门附近，故又称"尾疹"，以不时摩擦尾部为特征，尾部常被擦破，肛门周围有乳白色黏液。病驴长期不安，日渐消瘦和贫血。

【防治方法】　可应用敌百虫，同驴胃蝇蛆的治疗方法；也可用 2% 甲紫溶液 500 ~ 1000 毫升，做深部保留灌肠；或用苦辣根皮煎水深部保留灌肠，以达到驱虫的目的。

5. 蟠尾丝虫病

【病原及流行特点】　病原为有体颈蟠尾丝虫和网状蟠尾丝虫。寄生在驴的颈部、鬐甲、背腰及四肢的肌腱和韧带部。虫体细长，呈乳白色。雄虫长 25 ~ 70 厘米，雌虫长达 1 米，卵生。微丝蚴长 0.22 ~ 0.26 厘米，无囊鞘。本虫以吸血昆虫（库蠓或按蚊）为中间宿主。

【临床症状】 发病后呈慢性经过，患部始为无痛坚硬肿胀，或用力按压留有压痕。以后肿胀软化形成瘘管，排出浆性、血性或脓性渗出物，还可引起肌腱炎或跛行。

【诊断依据】 除根据症状外，可在患部切取 3～4 毫米深、面积为 15～30 毫米^2 的小块皮肤，剪碎后放在盛有 2～3 毫升生理盐水的试管内，于 37℃ 的恒温箱内培养 6 小时，然后在低倍镜下检查液体中的微丝蚴。剖检时，可在患部找到虫体。

【防治方法】

（1）预防措施 保持驴舍干燥，远离水池、水塘，防止吸血昆虫滋生和叮咬。

（2）发病后治疗 用伊维菌素，按驴每千克体重 0.25 毫克，皮下注射，每天 1 次，连用 2 次。静脉注射 1% 卢戈尔氏液 25～30 毫升（1% 碘溶在 2% 碘化钾溶液中），生理盐水 150 毫升，每天 1 次，连用 4 天，停 7 天后，再注 4 天，连续治疗 3 个疗程。患部出现脓肿或瘘管时，彻底切除病变组织，按一般外伤处理。

6. 伊氏锥虫病

伊氏锥虫病是驴的一种急性或慢性血液原虫病。主要以贫血、进行性消瘦、黄疸、高热、黏膜出血、体表浮肿和神经症状等为特征。

【病原及流行特点】 病原是伊氏锥虫，是一种扁平柳叶状单细胞原虫。主要寄生在血液中，并可随血液进入组织器官，尤其是肝脏、脾脏、淋巴结和骨髓等处。马、骡、驴易感，骆驼、牛、水牛次之。本病通过虻、蚊等吸血昆虫叮咬而传播，发病地区和季节与吸血昆虫的出现时间及活动范围相一致。

【临床症状】 病驴体温突然升高到 40℃ 以上，经短时间的间歇，再度发热。可视黏膜苍白、黄染，结膜和瞬膜常出现暗红色出血斑。胸前、腹下、乳房、阴部和四肢等处相继出现浮肿。发病末期，常出现各种神经症状，如呆立、目光凝滞、对周围事物反应迟钝、无目的地向前猛冲、做圆圈运动或头颈弯向一侧。死前常表现后躯麻痹、不能站立、呼吸困难。慢性病例多为间歇热。血液稀薄，红细胞数随病情加重而急剧减少到 200 万/毫升左右。血红蛋白含量也相应减少。血液中能检出伊氏锥虫和吞铁细胞。

【诊断依据】 必须根据流行特点（季节、地区、病史、媒介昆虫等）、临床症状，反复进行病原体检查及血清学诊断（补反），必要时进行诊断性治疗，才能做出正确诊断。

【防治方法】 那加宁，驴每千克体重用 12 毫克，以灭菌蒸馏水或生理盐水配成 10% 溶液，静脉注射。间隔 6 天，再第二次用药。对重症或复发性病畜，以本剂与新肿凡纳明交替使用，可提高疗效。新肿凡纳明按每千克体重用 15 毫克，配成 5% 溶液，静脉注射。治疗时，第 1 天和第 12 天用国产那加宁，第 4 天和第 8 天用新肿凡纳明，为 1 个疗程。与此同时，静脉输注氯化钙、安钠咖和葡萄糖。也可应用喹嘧胺和那加宁。喹嘧胺每千克体重 5 毫克，用生理盐水配成 10% 溶液，皮下或肌内注射；用药后若出现反应，可用阿托品缓解症状。

7. 马媾疫

马媾疫是驴在交配时感染媾疫锥虫所引起的慢性原虫病。

【病原及流行特点】 病原体是马媾疫锥虫，仅马属动物有易感性，其他家畜不感染。驴感染后，一般呈慢性或隐性经过。带虫驴是马媾疫主要的传染来源。媾疫锥虫主要在生殖器官的黏膜寄生，有时极少量虫体能短时间地寄生于血液及其他组织器官中。本病主要是交配时发生传染，也可通过未经严格消毒的人工授精器械、用具等传染。所以，本病在配种季节发生较多。

【临床症状】

（1）生殖器官症状 公驴一般先从包皮、龟头、阴茎等处发生水肿，有时水肿可延伸到阴囊、腹下及股内侧；触诊无热、无痛，结节团块硬度；阴茎、阴囊、会阴等处皮肤相继出现结节、水疱、溃疡及缺乏色素的白斑；性欲亢进，精液品质降低。母驴阴唇肿胀，可蔓延到乳房、下腹部和股内侧；肿胀部也可发生结节和溃疡，消失后在外阴部形成无色素的白色斑点，永不消失；病驴屡配不孕，或妊娠后容易流产。

（2）皮肤轮状 丘疹病畜在颈、胸、背、臀部和腹下的皮肤反复出现无热、无痛的轮状丘疹，其特点是中央稍凹陷，周边隆起，界线明显，突然出现，迅速消失（数小时到一昼夜）。

（3）神经症状 主要特征是某些运动神经呈现不同程度的不完

全麻痹和完全麻痹。比较常见的是颜面神经麻痹，病驴表现鼻唇歪斜，耳、眼睑或下唇下垂，当腰部和后肢的神经发生麻痹时，可见到后躯无力，臀部及后肢肌肉萎缩，步态不稳，出现跛行。

（4）全身症状　病初，体温稍升高，精神、食欲无明显变化。随病势增重，反复出现短期发热，逐渐贫血、消瘦、精神沉郁、食欲减退。最后，后躯麻痹不能起立，可导致极度衰竭而死亡。

【防治方法】　那加宁，用法同伊氏锥虫病。贝尼尔，驴每千克体重4毫克，用无菌蒸馏水配成10%溶液，臀部深层肌内注射。

8. 马尖尾线虫病

本病为尖尾线虫寄生在驴大肠内所引起的一种线虫病。

【病原及流行特点】　病原是蛲虫，寄生在盲肠和大结肠内。雌虫产卵时，由结肠移至直肠，并将前端伸出肛门外，把虫卵成团地产出粘堆在病驴肛门周围及会阴部的皮肤上。当驴吃到虫卵后，在肠内孵出幼虫，发生感染。

【临床症状与诊断】　病驴肛门搔痒，尾根常在物体上摩擦，尾根被毛脱落，局部皮肤发炎。用50%甘油水蘸湿的木片等刮取肛门周围皮肤上的污垢，涂片镜检，见虫卵可确诊。

【防治】　保持草料和饮水的清洁卫生，搞好厩舍内的饲槽、柱栏、鞍具和用具的卫生消毒工作。平时定期驱虫。发病后口服敌百虫，同马胃蝇蛆病的治疗方法。

三　驴的中毒病

1. 有机磷农药中毒

有机磷农药通过消化道、呼吸道、皮肤进入机体而引起的中毒称为有机磷农药中毒。常引起机体中毒的有机磷农药有对硫磷（已禁止生产、销售和使用）、内吸磷、甲拌磷、敌敌畏、敌百虫和乐果等。

【临床症状】　初期病驴兴奋或狂暴不安，以后呈昏睡状，骨骼肌痉挛、震颤。食欲减退或废绝，口腔湿润、流涎，肠音增强，不断排稀粪，严重的病驴肠音减退或消失。大小便失禁。体温略升高，脉搏加快，呼吸困难、增数。全身大汗，瞳孔缩小，视力减弱，常因肺水肿和心脏停搏而死亡。

【治疗方法】

（1）特效解毒 可用解磷定、氯磷定等，剂量为每千克体重15~30毫克，以生理盐水配成5%溶液，缓慢静脉注射，以后每隔2~3小时注射1次，剂量减半。同时应用阿托品0.2~0.3克，效果更好。

（2）其他疗法 经消化道中毒的，立即用0.2%高锰酸钾溶液或食盐水洗胃，然后灌服盐类冲剂。经皮肤吸收中毒的，可用肥皂水等（敌百虫中毒时，不可使用碱水）冲洗皮肤。此外，应配合全身疗法，如静脉注射葡萄糖溶液等。

2. 霉玉米中毒

本病是由于饲喂霉变玉米（主要为念珠状镰刀菌寄生于玉米粒内产生的一种有毒物质，从而引起驴的食后中毒）所引起的以神经症状为主要表现的一种中毒病。该毒素能耐高温，驴特别敏感，其次为马、骡。

【临床症状】 病驴精神沉郁，失明，口唇松弛，舌露口外，往往垂头呆立或以头抵物呈昏睡状态。有时狂躁不安，前冲后退或转圈。肠音减弱或消失。粪便干或拉稀，有潜血，尿少、色浓，体温正常或下降。运动时，步态不稳或拒绝行动。血液学检查，白细胞总数减少，嗜中性多核白细胞数量增多，淋巴细胞数量减少。有的病驴经1~2天死亡，有的病驴，几天之后症状逐渐消失。恢复后的驴没有后遗症。

妊娠后期母驴患本病，往往出现流产或早产。早产幼驴可视黏膜呈蓝紫色，齿龈、舌下有出血点，耳尖及四肢发凉，不能站立。重者很快死亡，轻者可以治愈。

【治疗方法】

（1）对症治疗 可静脉注射葡萄糖氯化钠液1000~1500毫升，或10%~20%葡萄糖溶液500~1000毫升、40%乌洛托品液50~100毫升的混合液，每天2~3次，有强心、解毒作用。病驴兴奋不安时，可用镇静剂。

（2）排毒 促进毒物排除可放血500~1000毫升（放血后立即补液），内服硫酸钠或人工盐缓泻。缓泻后，灌服淀粉浆以保护胃肠黏膜。

预防本病最有效的方法，就是防止饲喂霉变玉米和其他发霉的草料。发病后停止使役，加强护理，防止病驴撞伤。

四 驴的其他疾病

1. 口炎

口炎又名口疮，是口腔黏膜炎症的总称，是驴口腔黏膜表层或深层组织的炎症。临床上以流涎和口腔黏膜潮红、肿胀或溃疡为特征。包括腭炎、齿龈炎、舌炎、唇炎等。临床上以流涎、采食、咀嚼障碍为特征。

【病因】 采食粗硬、有芒刺或刚毛的饲料，如出穗成熟的大麦、狗尾草等，或者饲料中混有玻璃、铁丝及不正确使用开口器、整牙器械等；经口投服刺激性药物的浓度过高或灌服过热的药液；采食冰冻饲料或霉变饲料、有毒植物（如毛茛、白头翁等）；当受寒或过劳，防卫机能降低时，可因口腔内的条件病原菌，如链球菌、葡萄球菌螺旋体等侵害而引起口炎。此外，还常继发于咽炎、唾液腺炎、前胃疾病、胃炎及某些维生素缺乏症。

【临床症状】 病驴采食、咀嚼缓慢甚至不敢咀嚼，只采食柔软饲料，而拒食粗硬饲料。流涎，口角附着白色泡沫，口黏膜潮红、肿胀、疼痛，口温增高，舌面被覆大量舌苔，有恶臭或腐败臭味，有的唇、颊、硬腭及舌等处有损伤或烂斑。

按炎症的性质可分为卡他性、水疱性和溃疡性 3 种。对驴而言，卡他性和溃疡性炎最易发生。

（1）**卡他性口膜炎** 常饲喂麦糠，其中的麦芒机械性刺激引起。另外，采食霉败饲料、缺乏维生素 B 等因素也可引起发病。症状为流涎，不敢采食，口腔黏膜疼痛，发热。检查口腔时，可见颊部、硬腭、齿龈与上下唇交界处、舌下等有麦芒扎透黏膜刺入肌肉，有的还刺入舌下肉阜的开口，从而引起肿胀。

（2）**水疱性** 在临床上较少见。有的病驴口腔黏膜上有大小不等的水疱。

（3）**溃疡性口炎** 主要发生在舌面、颊部和齿龈。病初口腔黏膜赤红色，肥厚粗糙，继而黏膜层脱落，呈现条状或片状溃疡面，流黏涎，食欲减退，多发生在秋后和冬初，幼驴多发，病程 10 ~ 15

第八章 驴的疾病诊断与防治

天。原因尚不十分清楚，是否有传染性待查。有的地区可暴发，成年驴发病率为40%，幼驴可达100%。

【治疗方法】 首先消除病因，除去扎入口腔的麦芒，同时，更换柔软的饲草，牙齿磨灭不正者，还应修整锐齿，然后，可用1%盐水或2%~3%硼酸水溶液或2%~3%碳酸氢钠溶液或0.1%高锰酸钾溶液冲洗，后于患处涂2%甲紫或1%磺胺乳剂或碘甘油（10%碘酊1份、甘油9份），每天2次，有良好效果。

中药治疗：青黛15克、黄连10克、黄柏10克、薄荷5克、桔梗10克、儿茶10克，共研细末。装纱布袋中，以水浸湿后衔入口内，两端以绳固定在耳后，对任何类型的口炎都有良效。

2. 咽炎

咽炎是咽部黏膜表层及深层的炎症，临床上以吞咽困难、咽部肿胀、触诊敏感为特征。驴极为常见。

【病因】 咽为呼吸、消化的必经之道，机械性刺激、有害气体的刺激都可损伤咽部黏膜。腺疫、口炎和感冒等病也可继发咽炎。

【临床症状】 由于咽部敏感疼痛，驴头颈伸直，不灵活，流涎，吞咽困难，不愿采食，饮水时从鼻孔流出，触诊咽部敏感，并常引起剧烈的咳嗽。

【治疗方法】 对病驴要加强护理，喂给柔软易消化的草料，饮温水，圈舍要通风保暖。咽部可用温水、白酒湿敷，也可涂1%樟脑酒精、鱼石脂软膏或复方醋酸铅加醋酸外敷，重症病例可注射抗生素类或磺胺类药物。

中药治疗：玄参30克、麦冬30克、甘草10克、桔梗15克，煎汤候温，经口灌服，有良好效果。

咽炎无并发症时，适时正确治疗，常在7~14天痊愈。若并发异物性肺炎，则常愈后不良。

3. 疝痛性疾病

这是一类以腹痛为主的综合征。中兽医称起卧症，因驴起卧如倒山之状。在兽医临床上有真性疝痛，如肠阻塞、急性胃扩张、急性肠臌气、肠痉挛、肠变位等。至于其他有腹痛症状的疾病，如急性胃肠炎、流产、腹主动脉瘤等引起的假性疝痛不在此列。

疝痛在驴的消化道疾病中发病率很高，约占驴病的1/3。若不及时治疗或治疗不当，死亡率很高，经常会造成重大损失，应引起高度重视。常见的疝痛性疾病有以下 3 种。

（1）肠阻塞

【病因】 由肠内容物阻塞肠道而发生的疝痛。小肠阻塞者称小肠积食，在大肠段阻塞称大肠便秘，驴以大肠阻塞为主，占疝痛的90%以上，常发生在小结肠、骨盆弯曲部、左下大结肠和右上大结肠的胃状膨大部，其他部位如右上大结肠、直肠、小肠阻塞则较少见。本病多因饲养管理不当和气候突然变化所致。如长期饲喂单一的麦秸，尤其是半干不湿的红薯藤、花生秧最易发病。饮水不足也是主要的原因。喂饮不定时，过饥过饱，突然更换饲草饲料，没有足够的休息（如役使过重，特别是役后没有做到充分休息就饲喂，或饲喂后就役使），加之气候突然变化等，机体不能适应，引起消化紊乱而常发此病。

【临床症状】 由于阻塞部位、阻塞物的性质不同，其临床表现也不一致。

① 小肠积食：常发生在采食中间或采食后 4 小时左右，病驴开始立即停食，精神沉郁，四肢内聚欲卧地。若继发胃扩张则腹痛明显，因驴吃草细慢，临床上急性胃扩张少见。

② 大肠秘结：发病缓慢，病初排便干硬，后停止排便，食欲大减或废绝。患驴口腔干燥，舌面有苔、干臭，精神沉郁。严重时，呈间歇性腹痛、起卧。有的横卧于地，四肢伸展滚转，尿少或无尿、腹胀、小结肠阻塞，胃状膨大部阻塞时，膨大部不臌气，腹围不大，但步态强拘、沉重。

③ 直肠秘结：病驴努责，但排不出粪便，有时有少量黏液排出，尾上翘，直尾行走。

【治疗方法】 治疗应着眼于排除阻塞物使肠道疏通，并止痛制酵，恢复肠道蠕动。兼顾由此而引起的胃肠臌气、组织脱水、白体中毒和心衰等一系列问题。要根据病情灵活应用通（疏通肠道）、静（镇静止痛）、减（减低胃肠道的压力）、补（补液强心）、护（良好的护理）的综合治疗措施。实践证明，直肠入手、隔肠破结是行之有效的方法。

① 直肠入手法：将病驴保定后，术者剪去指甲并磨光，涂凡士

林或软皂，徐徐伸入直肠触摸到粪结后以手按压、切压、挤压，或移于就近腹壁，外用拳头捶结。能直接摸到的粪便，可直接取出，以达疏通肠道的目的。

② 内服泻剂：小肠积食可灌服液状石蜡 200～500 毫升，加水 200～500 毫升。大肠秘结可灌服硫酸钠 100～300 克，以清水配成 2% 的溶液，一次服；或食盐 100～300 克，也配成 2% 溶液；也可灌服敌百虫 5～10 克，加水 500～1000 毫升。上述内服药中加入大黄细末 200 克、松节油 20 毫升、鱼石脂 20 克，可制酵并增强疗效。

中药以加味承气汤有良好效果。大黄 150 克、芒硝 150 克、枳实 80 克、厚朴 80 克、神曲 50 克、醋香附 30 克、木香 20 克、木通 40 克，煎汤温服，也可用当归苁蓉汤内服。

③ 深部灌肠：有利于软化和排粪，以泵灌肠器将 1% 食盐溶液 500～1000 毫升，通过直肠加压灌入。对顽固性便秘可切开腹壁直接按压破结，或切开肠管取结。

（2）继发性胃扩张或急性胃扩张

【病因】 驴胃扩张常继发于肠阻塞，因贪食过多难以消化的、易于膨胀和发酵的草料而导致的急性胃扩张极少见到。

【临床症状】 当病驴发生胃扩张后，病初表现不安，明显腹痛，呼吸迫促。有时出现逆呕动作或呈犬坐姿势。腹围一般不增大，但胸后腹前部皮肤有出汗，肠音减弱或消失，开始排少量粪便，随后则停止排粪。若出现从鼻腔逆流食物（鼻回粪水），则是胃破裂的表现。此时，病驴安静，头下垂，鼻孔开张，呼吸困难，自行后退，全身冷汗，脉相细弱，常于 4 小时内死亡。

【治疗方法】 由鼻腔插入胃管，使胃内积滞的气体、液体导出，并用生理盐水反复洗胃。然后，灌服水合氯醛、樟脑、95% 酒精、乳酸和松节油合剂；也可灌服水合氯醛、酒精、福尔马林、温水合剂。缺少药物的地区也可灌服食醋 100 毫升、姜末 40 克、食盐 20 克，或单灌液状石蜡 300 毫升。因失水而血液黏稠，心脏衰弱时，可强心补液，输液量为 2000～3000 毫升。对病驴要有专人护理，防止其起卧打滚，导致胃破裂或肠错位，适当牵遛有助于康复。治愈后停喂 1 天，饮水充分供给，以后再逐渐恢复正常饲喂。

(3) 胃肠炎

【病因】 胃肠炎是胃肠黏膜及其深层组织的重剧性炎症。驴胃肠炎在各地四季均易发生，主要因饲养管理不当，如采食过多精料，饲草饮水不洁，长期饲喂发霉饲草、粗硬草料或有毒植物造成胃肠黏膜的损害、胃肠机能紊乱。用药不当或大量口服广谱抗生素，尤其是大量有刺激性的泻剂及消化道其他继发症都可致胃肠炎。急性性病例死亡率很高。

【临床症状】 病初类似胃肠卡他的症状，而后病驴精神沉郁，食欲废绝，饮欲增加；结膜发绀，齿龈紫红，舌面有苔，污秽不洁；剧烈腹泻，粪便酸臭或恶臭，并混有血液和黏液。有的呈间歇性腹痛；体温升高到 39.5～40.5℃，脉相细弱而快；眼窝下陷，有皮肤丧失弹性等脱水现象。严重时自体中毒，病驴高度沉衰。

【治疗方法】 治疗中消炎是根本环节。为排除炎症产物，需先清泻，然后才能止泻。为提高疗效，要早发现、早诊断，加强护理，强心补液、解毒相结合。

初期要清肠制酵，保护肠黏膜，抗菌消炎，抗酸中毒和强心补液。先用无刺激性的缓泻剂，如液状石蜡 200～300 毫升，以清理肠道内容物。内服鱼石脂 20 克、克辽林 30 克，以清肠制酵；内服磺胺脒、复方小檗碱片或庆大霉素，以抗菌消炎；保护肠黏膜，可灌服黏浆剂，如淀粉糊、碱式硝酸铋、白陶土；强心，可用安钠咖、樟脑水；抗自体中毒，可用碳酸氢钠或乳酸钠，并大量输入糖盐水，以解决脱水和电解质平衡问题。

中药可用"郁金散"或"白头翁汤"。郁金散配方：郁金 30 克、黄连 24 克、黄芩 30 克、黄柏 30 克、栀子 20 克、金银花 30 克、蒲公英 30 克、厚朴 30 克、香附 24 克、术香 18 克、当归 30 克、赤芍 30 克、木通 15 克、茯苓 30 克，水煎灌服，早、晚各 1 次；白头翁汤配方：白头翁 60 克、秦皮 30 克、黄连 30 克、黄柏 30 克，口服。

本病预防关键在于提高饲养管理，不饲喂霉变的饲草饲料，饮水要清洁。

4. 急性胃扩张

急性胃扩张是由于贪食过多和胃后进食机能障碍，使胃急剧膨胀的一种腹痛病。

【病因】 原发性胃扩张主要是由于饲喂不定时定量，饥饿贪食过多，或饲喂难消化的饲料，或脱缰偷食大量精料及饲喂后饮大量水等引起的。当舍饲突然改为放牧时，采食过量的幼嫩青草、青稞或豆科植物，如豌豆茎叶、青苜蓿等，发酵产气而发病。继发性胃扩张主要继发于小肠及胃状膨大部便秘、小肠变位、肠膨胀过程中。

【临床症状】

（1）原发性胃扩张 通常在食后 1～2 小时内或在采食后立即剧烈使役过程中突然发病。初期出现中等程度的间歇性腹痛（腹痛间歇期为 10～30 分钟），但很快就转变为持续性剧烈腹痛。病驴不断急起急卧或快步急走，向前猛冲，个别病驴呈犬坐姿势。结膜潮红或暗红，脉搏增数，腹围变化不大而呼吸急促，胸前、肘后、眼周围及耳根部出汗，甚至全身大汗。口腔湿润或黏滑，并有酸臭味，肠音逐渐减弱或消失，排便很快停止。多数病驴可在左侧第 14～17 肋间的髋结节水平线上听到短促的胃蠕动音，类似沙沙音、流水音或金属音，每分钟 3～5 次。不少病驴出现嗳气，个别重症病驴还见由口腔或鼻孔流出酸性食糜（即呕吐时自动排出大量气体及一定量食糜，导出后腹痛迅速消失，不再复发，且直肠检查无明显异常的，是原发性胃扩张。若导出的是大量酸臭气体和粥样食糜的，是气胀性胃扩张。胃管只能导出少量气体和食糜或导不出食糜的，是食滞性胃扩张。

（2）继发性胃扩张 先出现原发病症状，腹痛剧烈，随后出现嗳气，由鼻孔内流出大量酸臭带草渣的液体。全身症状较重，脉搏快而细弱。送入胃导管后多能导出大量具有酸臭气味的浅黄色或暗黄绿色的液体（未服任何药物者），并常常混有少量食糜和黏液。随着液体的排出，病驴逐渐安静，但经一定时间后又复发，再次经导胃排出大量液体，病情又有所好转。如此反复发作，为继发性胃扩张特征之一。此外，两次发作时间的间隔较短，常为继发性胃扩张特征之一，而两次发作时间的间隔越短，常表示小肠不通部与胃距离越近，腹痛症状也越严重，脱水症状的发展也越快。

【治疗方法】 用胃管排出胃内气体为治疗原发性急性气胀性胃扩张的重要方法。再经胃管灌入水合氯醛与酒精合剂：水合氯醛 10～20克、95% 酒精 30～50 毫升、温水 300 毫升，溶解混合，一次灌服；

或用乳酸 15~20 毫升、酒精 100~150 毫升、液状石蜡 500 毫升，加水适量，一次灌服；也可用食醋 500~1000 毫升，灌服。当使用酸性药物治疗无效时，可改用碱性药物，如碳酸氢钠 100~150 克，加液状石蜡、水适量，一次内服，则可有效。气胀性胃扩张，用胃管排出气体之后，灌服止酵剂，如鱼石脂酒精溶液（鱼石脂 10~15克、95% 酒精 80~100 毫升、温水约 500 毫升；或灌服鱼石脂 10~15 克、酒精 80~100 毫升、芳香氨醑 80~100 毫升，加水约 500 毫升，效果较好。

食滞性胃扩张，用胃管洗胃，胃内容物不易排出，效果并不满意。应用普鲁卡因粉 2~3 克、稀盐酸溶液 15~20 毫升、液状石蜡500~1000 毫升、常水 500 毫升，混合后一次灌服，效果较好。严禁使用大量盐类泻剂，因为它既增加胃的容积，又加重机体脱水过程，易导致病情恶化。

继发性胃扩张，根本疗法在于解除原发病。但也应同时根据疾病发展情况，做相应的对症治疗。强心补液，与胃肠炎的治疗基本相同。

5. 肠痉挛

肠痉挛是因肠管平滑肌痉挛性收缩而发生的腹痛病，病程较短，及时治疗，容易治愈。

【病因】 本病发生的主要原因是驴受寒冷的刺激，如出汗之后被雨浇淋、寒夜露宿、风雪侵袭、气温骤变、剧烈作业后暴饮冷水，以及采食霜草或冰冻的饲料等。当驴患有消化不良时，由于肠壁神经的敏感性增高，可反射性地引起肠管痉挛性收缩，从而发生本病。

【临床症状】

（1）间歇性腹痛 本病的腹痛特点是间歇性发作。发病时，病驴呈现中度腹痛，持续 5~10 分钟后，便进入间歇期。在间歇期，病驴似乎健康无病，往往照常采食饮水，但经过 15~30 分钟，腹痛又发作。

（2）排粪次数增多 由于肠蠕动加快，肠液分泌增多，病驴不断排出少量稀软粪便，有的粪便臭味较大，并混有黏液。大小肠音高亢。往往在数步之外还可以听到肠音。由于液状内容物在紧张而

第八章 驴的疾病诊断与防治

含气的肠腔内移动，有时出现金属性肠音。口腔湿润，无明显的全身症状。

【治疗方法】

（1）镇痛解痉 常用30%安乃近溶液20~30毫升，一次皮下或肌内注射；或用氨溴合剂50~80毫升，静脉注射；也可用水合氯醛10~20克，加适量淀粉浆，一次内服或灌肠；或内服普通白酒200~300毫升，加水500~1000毫升，用药1小时左右，腹痛消失。

（2）清肠止酵 常用硫酸钠200~300克、酒精50毫升、鱼石脂15~20克、常水5000毫升，一次内服，疗效较佳。

（3）中药治疗 常用橘皮散、陈皮、青皮各45克，厚朴、当归、干姜各30克，茴香、肉桂各25克，白芷18克，共研细末，开水冲开，白酒120毫升为引，候温灌服。

6. 肠便秘

肠便秘又名结症、肠阻塞，是因肠管运动机能和分泌机能紊乱，粪便积滞不能后移，致使某段或某几段肠腔完全或不完全阻塞的一种急性腹痛病。

【病因】 肠便秘发生的原因，多与以下几个方面有关。

（1）饲喂不当 饲喂大量粗硬、坚韧、难消化的饲草、麦秸和过食其他坚硬的纤维质饲料等，是本病发生的主要原因。不按时饲喂、驴过度饥饿、咀嚼不细、突然改变饲养方式、突然变换饲料、饲喂之后立即重役、重役之后立即饲喂等，都可引起便秘。

（2）饮水不足 运动不足和天气突变及其他如老龄体弱、齿不整、舌伤、慢性胃肠疾病、肠管机械性阻塞（如寄生虫、石块等）、肠管狭窄与腹腔脏器粘连等疾病，都易发生和继发便秘。

【临床症状】

（1）肠便秘的共同症状

① 腹痛：完全阻塞的便秘，多呈现剧烈的或中度腹痛，完全阻塞的便秘，多呈轻度腹痛。

② 排粪排尿变化：初期排零星粪球，以后排便停止，排尿减少或停止，且腹痛越剧烈排尿越少。

③ 肠音变化：初期肠音不整，以后逐渐减弱或消失。

④ 口腔变化：口腔稍干燥，随着病程的延长，脱水加重，口腔越来越干燥，并出现舌苔，放出不同程度的臭味。

⑤ 全身症状：食欲减少或废绝，结膜潮红或暗红，体温、脉搏、呼吸初期无明显改变，中、后期脉搏增数，脉相逐渐变为细弱；继发胃扩张时，呼吸迫促；继发肠鼓胀时，除呼吸迫促外，还见腹围膨大；继发胃肠炎、腹膜炎时，体温升高，腹壁紧张。

⑥ 直肠检查　多数可以摸到因不同形状、大小和硬度的结粪块阻塞的肠段。

（2）不同部位便秘的临床特点

① 小肠便秘（完全阻塞）：多于采食中或采食后数小时突然发病。多发生于十二指肠和回肠，空肠较少见。主要症状是腹痛剧烈，口干明显，肠音减弱并很快消失，排粪停止。结膜黄染，全身症状明显，常继发胃扩张。直肠检查时，若为十二指肠便秘，其病部肠管多位于前肠系膜根后方，自右向左，触到手腕粗呈圆柱状或卵圆形结粪块；若为回肠便秘，其病部肠管多位于耻骨前方，由左肾后方斜向右下方，连接于盲肠处，触到圆柱状或卵圆形秘结点，同时还能触到积气的空肠。

② 小结肠便秘和骨盆曲便秘（完全阻塞）：发病较急，呈中等或剧烈的腹痛，口腔干燥，肠音减弱或消失。病初全身症状较轻微，继发肠膨胀后，全身症状增重。直肠检查时，若为结肠便秘，通常于耻骨前缘的水平线上或体中线的左侧，可摸到呈椭圆形或圆柱形的 1~2 个拳头大的粪球，比较坚硬，且移动性较大；但在小结肠起始部便秘，或由于继发肠膨胀，小结肠被挤压而移位，以及便秘部沉于腹腔下部时，直肠检查不易摸到，这时可令助手用木杠抬举驴下腹部，然后用手沿紧张的小结肠肠系膜慢慢寻找，多可摸到秘结部位；若为骨盆曲便秘，则在左腹骨盆前缘，可摸到椭圆形的或马蹄形的大块积粪。

③ 左上大结肠便秘：其症状基本与小结肠和骨盆曲便秘相同。直肠检查时，可在耻骨前缘左侧前下方，摸到便秘部呈球形或圆柱形，约 2 个拳头大的粪球，一般不很坚硬，移动性较小，而且骨盆曲和左上大结肠多有积气和积粪。

④ 盲肠便秘和左下结肠便秘（不全阻塞）：发病缓慢，病程较

长，食欲减退，但不废绝。排便减少，粪球干硬，有的不断排恶臭稀便，或干稀便交替，也有排便停止的病例。肠音不整，盲肠音或左侧结肠音显著减弱，即使到了病的后期，肠音也不完全消失。腹痛和全身症状较轻。盲肠便秘的病程可达 1～4 周，且治愈后容易复发。直肠检查时，从右腹腹部开始，伸向中间前下方的盲肠，表面凹凸不平，充满稍坚硬的干粪。在左下大结肠便秘时，可于左腹腔中下部摸到便秘的肠段。

⑤ 胃状膨大部便秘：多数为不完全阻塞，病情发展较慢，腹痛轻微。少数病例，由于逐渐发展为完全阻塞，而腹痛加剧，有时继发肠鼓胀或胃扩张。病程通常为 3～10 天。直肠检查时，于体中线右侧，盲肠底的前下方，可以摸到便秘部，如排球大，呈半球形（因前半部不能摸到），表面光滑，一般不太坚硬，随着呼吸而前后移动。

⑥ 直肠便秘（完全阻塞）：腹痛轻微，病驴不断举尾，做排粪姿势，但不见粪便排出。肠音不整。全身症状发展较慢，后期可能继发肠鼓胀。直肠检查时，在直肠膨大部和狭窄部，可直接摸到阻塞的粪块，呈球形，直肠黏膜水肿、粗糙，常粘有粪渣。

【治疗方法】 疏通肠管，使结粪块变形或排出，可采用药物、直肠按压、灌肠、手术等方法。

(1) 西药泻剂 常用食盐 300 克、鱼石脂 15 克、水 8000 毫升，一次内服；或用硫酸钠 200～300 克、大黄细末 60～80 克、松节油 20 毫升、温水 6000 毫升，一次灌服。以上两种药方适用于大肠便秘的早期及中期。液状石蜡或植物油 500～1000 毫升、松节油 20～30 毫升、克辽林 15～20 毫升、温水 1000 毫升，一次内服，此种药方适用于小肠便秘，灌药前先导胃。

(2) 中药 常用大承气汤，芒硝 100 克、大黄 100 克、厚朴 50 克、枳实 50 克，后 3 种药煎好后，取汁，加入芒硝，候温灌服。

(3) 直肠内按压 手伸入直肠，将结粪块固定于耻骨前缘或腹壁，按碎或压碎。若为小结肠或骨盆曲便秘，也可把结粪块固定于腹壁上，助手在体外皮肤上用拳猛击，使结粪破碎。

(4) 深部灌肠 经直肠灌入 15～20 升温水或 1% 温盐水，可用于大肠便秘。

【提示】 肠便秘治疗注意静、减、补和防。静，即镇静镇痛，可用安溴或水合氯醛。减，即减压，继发胃扩张要导胃，继发于肠部的严重鼓胀要及时穿肠放气。补，即补液强心，常用复方盐水、安钠咖等。用盐类泻剂后要供给充足饮水；防，即防摔伤，要加强护理。

7. 支气管肺炎

支气管肺炎又称为小叶性肺炎。各种家畜均多发生，幼驴及老龄驴更为常见。临床上以出现弛张热、呼吸次数增多、听诊有捻发音为特征。

【病因】 当驴因饥饿、过劳、受寒冷刺激或吸入刺激性气体等出现机体抵抗力降低时，肺炎球菌及各种病原微生物乘机发育繁殖导致发生本病。支气管肺炎也可继发于腺疫、鼻疽、感冒等病的经过中。

【临床症状】

（1）全身变化 病初病驴表现支气管炎的症状，但全身症状较重。病驴精神沉郁，结膜潮红或发绀，脉搏加快，每分钟 60～100 次；呼吸浅表增数，每分钟可达 40～100 次，呼吸困难的程度，随发炎的面积大小而不同。体温于发病 2 天内升至 40℃ 以上，以后多呈弛张热型。个别体质极度衰弱的病畜，体温不一定升高。血液中白细胞数量增多，核左移。

（2）胸部听诊 在病灶部位，病初肺泡呼吸音减弱，可听到捻发音。此后，当肺泡和细支气管内完全充满渗出物时，则肺泡呼吸音消失，因炎性渗出物的性状不同，随着气流通过发炎部位的支气管腔时，可听到干啰音或湿啰音。健康部的肺脏由于行代偿呼吸，肺泡呼吸音增强。

【治疗方法】

（1）消除炎症 临床上常用磺胺制剂及抗生素。常用磺胺制剂为磺胺嘧啶；常用抗生素为青霉素 100 万～200 万单位，肌内注射，每 8～12 小时 1 次。对重症病驴，可将青霉素 100 万单位加入复方氯化钠液或 5% 葡萄糖盐水 500 毫升内，溶解后，缓慢静脉注射，效果

显著。或可选用土霉素等广谱抗生素。

（2）制止渗出和促进炎性渗出物吸收　可静脉注射10%氯化钙液50～100毫升，每天1次；或静脉注射葡萄糖酸钙液200毫升。

（3）对症治疗　为了增强心脏机能，改善血液循环，可适当选用强心剂，如安钠咖液、樟脑水、强尔心液等。

8. 纤维性骨营养不良

本病又称骨软症，是成年驴由于钙、磷代谢障碍，骨组织进行性脱钙，骨质疏松软化的一种慢性疾病。临床上以骨骼肿胀变形为特征。

【病因】　饲料中长期缺乏钙、磷或比例不当，是引起本病的主要原因。母驴妊娠后期及泌乳期间，若不补充矿物质，由于胎儿生长的需要，大量的钙由骨质内脱出而使骨质软化。此外，日照不足、缺乏运动及慢性消化不良（钙、磷吸收障碍）等，都能成为本病发生的原因。

【临床症状】　发病初期病驴精神不振，有异嗜癖，日久陷于营养不良，毛焦欣吊，肚腹蜷缩，贫血，喜卧，不愿起立，步样强拘，一肢或数肢跛行。站立时，两后肢交替负重，或两前肢交叉站立。病驴不耐使役，容易出汗。随着病情的发展，头骨变形，下颌肥厚，颜面隆起，严重时鼻腔狭窄而呼吸困难。牙齿松动，咀嚼困难而吐草。四肢关节肿大，肋骨变平，背弓起或凹陷，骨质疏松，容易骨折。

病驴出现上述症状，即可诊断为本病。为了进一步确诊，可进行额骨穿刺，用一般腕力能将骨软症穿刺针刺入额骨并能直立固定的，即为确诊。

【治疗方法】　可在饲料中增加钙、磷。让病驴适当运动，并增加日光照射。在药物治疗时，以补钙为主，配合应用维生素制剂，用10%氯化钙溶液80～100毫升，或5%葡萄糖酸钙溶液200～300毫升，缓慢静脉注射，每天1次。或用石粉100～150克，每天分2次混于饲料内。为了缓解病驴的疼痛，可静脉注射10%水杨酸钠液150～200毫升，每天1次，连用3～4天。

9. 脓肿

脓肿是由于化脓性细菌侵入机体后，在局部形成局限性化脓性炎症，引起脓液滞留于组织内，并形成完整腔壁的蓄脓腔。脓腔的周缘被肉芽组织包围，形成脓肿膜。当遇刺激性较强的化学溶液，如水合氯醛、氯化钙、松节油、高渗盐水等误注或漏入组织内时，也可引起无菌性脓肿。

【临床症状】

（1）浅在性脓肿　常发生于皮下疏松组织内，初期局部热，痛、肿明显。肿胀呈弥漫性，数天后肿胀逐渐局限化，中央变软，出现波动。在波动明显处穿刺，能发现脓液。有的皮肤逐渐变薄，被毛脱落，最终皮肤自行破溃，流出脓液。

（2）深在性脓肿　常发于深筋膜下或深部组织中，由于有较厚的组织覆盖，局部肿胀常不明显，而患部的皮肤及皮下组织有轻微炎性水肿，触诊有指压痕及明显疼痛。穿刺可确诊。但脓肿尚未成熟、脓肿发生在肌间疏松组织或脓液过分黏稠等情况下，穿刺往往不易排出，这时要注意穿刺针孔内有无脓液附着。

【治疗方法】　初期，局部应用温热疗法，涂布5%碘酊、增黄散或用酒精调制的复方醋酸铅散剂。必要时，应用磺胺制剂及抗生素疗法。后期，为了促进脓肿成熟，可用具有轻度刺激性的软膏剂如鱼石脂软膏，涂布于患部。当脓肿已成熟（有明显波动、穿刺有脓液）时，应速切开排脓。切口应在最软化处，并有足够的大小，以便彻底排除脓液，但不得超过脓肿壁，以免损伤健康组织导致感染扩散。切开后，用防腐消毒剂充分冲洗脓腔，最后用碘仿醚合剂、魏氏流膏等浸渍灭菌纱布条引流。当脓腔深而脓液黏稠时，也可用胶管引流。引流物的更换，应视脓液的多少而定。脓液多时，每天更换1~2次；脓液减少后，可经3~4天换1次。

10. 蜂窝织炎

蜂窝织炎是皮下、筋膜下或肌间等处的疏松结缔组织，因感染链球菌或葡萄球菌所引起的急性弥漫性炎症。本病多发于头部及四肢。

【临床症状】　蜂窝织炎的临床症状一般都较严重，局部增温，剧烈疼痛，大面积肿胀，严重者出现机能障碍，体温升高到39~40℃，但由于发病部位不同，其临床特点也不一样。

（1）皮下蜂窝织炎　病初局部呈现有热痛的急剧进行性肿胀。

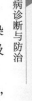

肿胀初为捏粉样，数天后变得坚实，界线分明，皮肤紧张，无移动性。当四肢下部发病时，有时可引起全肢的大面积肿胀。局部淋巴结肿大，触诊疼痛。随着炎症的发展，由浆液性转化为化脓性时，在组织化脓溶解明显的部分，肿胀变为柔软而有波动，切开有脓液流出。以后，皮肤变薄而自行破溃，流出脓液，有的向深部蔓延，引起深部蜂窝织炎。

（2）筋膜下蜂窝织炎 本病最常发生于鬐甲部、腰背部、小腿部、股阔和臀等处筋膜下的疏松结缔组织。病初肿胀不显著，仅局部软组织呈坚实性炎性浸润，热、痛明显，机能障碍显著。随着病程的发展，感染可沿筋膜囊而蔓延，患部呈明显的坚实状。当化脓性溶解时，筋膜下虽有脓液蓄积，因筋膜极度紧张，波动不明显，诊断困难。此时，若不能及时排脓，脓液向深部扩散，并发深部组织的广泛性坏死。有时伴发淋巴管、淋巴结及血管的化脓性炎症，甚至引起败血症。

（3）肌间蜂窝织炎 本病常发于前臂部及小腿部以上，特别是臀部的肌间及疏松结缔组织。由于开放性骨折、火器伤、化学性关节炎、化脓性腱鞘炎等所引起，多继发于皮下或筋膜下的蜂窝织炎。其特征是：感染沿着肌间或肌群间、有血管及神经纤维的疏松结缔组织蔓延。患部肌肉肿大、肥厚、坚实，界线不清，热痛剧烈，机能障碍显著。病程继续发展，皮下、筋膜下疏松结缔组织坏死化脓，甚至出现广泛的肌肉组织坏死。切开或自溃后，流出大量灰色或血样的稀薄脓液。

【治疗方法】 通常采用局部疗法。首先，要彻底处理引起感染的创伤。病初，当组织尚未出现化脓性溶解时，对肿胀部应用硫酸镁溶液热敷；或用樟脑酒精温敷；或涂布用醋调制的复方醋酸铅散；或用雄黄散调敷，应用上述疗法后，局部肿胀不见消退且体温仍高时，应早期切开患部组织，减轻组织内压，排出炎性渗出物。切口的位置，要在开始发生或已经发生化脓的病灶部进行。未化脓前，则在疼痛最明显处切开，但要避开大的神经、血管、关节及腱鞘等。切开后，尽量排除脓液，清洗脓腔，选用适当药物引流，以后可按化脓性感染创治疗。

11. 周期性眼炎

周期性眼炎是马、骡、驴特有的非化脓性全眼球的炎症。其特点是：开始常突然发作，以后呈周期性反复发作，最后失明，一般认为是由钩端螺旋体引起。驴场低洼潮湿、环境卫生不良、饮水不足或饲料霉变等，都有可能诱发本病。本病多呈散发性，有时也可在一个地区或一个驴群中呈流行性发生；病初呈现虹膜、睫状体及脉络膜炎，后期可波及全眼球。

【临床症状】 本病在临床上分为急性发作期、慢性期和再发期。

(1) 急性发作期（急性炎症期） 突然发病，怕光，流泪，眼睑肿胀，角膜周围充血。经过 1~2 天，虹膜发生纤维素性炎症，在虹膜上被覆浅黄色或红褐色的纤维素薄膜，虹膜无光泽，纹理不清。在眼前房底出现灰白色或褐色絮状渗出物，眼房液混浊，瞳孔缩小，感光迟钝。经过 3~4 天，角膜从周围开始发生混浊，逐渐波及全角膜面，由巩膜缘新生血管，并向角膜中央呈放射状伸展。5~6 天后，角膜完全混浊。上述症状，通常于发病后 1 周左右达到极点，以后逐渐减轻，角膜恢复透明，眼房内渗出物大部分被吸收。急性发作期，一般为 2~3 周，有的可达一个半月之久。

(2) 慢性期（间歇期） 由急性期转来。有时外观不见异常变化，但其病理过程并未完全终止。若用检眼镜检查眼内部，多数病例可看到虹膜粘连、撕裂，瞳孔边缘不整，晶状体常常附有大小不等的虹膜色素斑点，玻璃体内有时可见到絮状或线状混浊，视网膜部分剥脱，视神经乳头往往萎缩，视力减退。慢性期的时间长短不定，1~2 周、数月甚至 1 年以上，多数病例经 1~6 个月即再发。

(3) 再发期 经过一个间歇期后，突然又呈现上述急性炎症期的症状，眼内病变一次比一次严重，经反复多次发作以后，晶状体完全混浊（白内障）或脱位，玻璃体混浊，视网膜剥脱，最终眼球萎缩而失明。

【治疗方法】

(1) 促进渗出的吸收 在急性炎症期，可用生理盐水和 3% 硼酸溶液温敷，每天 3~4 次，每次 30 分钟；或用 0.5% 醋酸可的松点眼，每天 2~3 次。

(2) 防止虹膜粘连 可用 2% 阿托品液点眼，每天 4 次，每次

第八章 驴的疾病诊断与防治

217

5~8滴。瞳孔扩大后，为了维持瞳孔扩张，改用0.5%硫酸阿托品液点眼。同时，肌内注射链霉素，每天2次，每次2~5克，连用7~10天。

（3）眼神经封闭疗法 从眼窝后缘向面颊延长线做一垂线，其交叉点即为注射部位。注射时，用长10厘米左右的针头，避开皮下的面横动脉，垂直刺入皮肤，直达眼底，深7~8厘米，缓慢注射。0.5%普鲁卡因液15~20毫升，加入链霉素50~100单位，每周2次。

12. 浆液性关节炎

本病又称关节滑膜炎，是关节囊滑膜层的渗出性炎症，多见于跗关节、膝关节、球关节和腕关节。

【临床症状】

（1）浆液性跗关节炎 关节变形，可出现3个椭圆形凸出的柔软且有波动的肿胀，分别位于跗关节的前内侧、胫骨下端的后面和跟骨前方的内、外侧。交互压迫这3个肿胀时，其中的液体来回流动。急性期，热、痛、肿均显著，跛行也明显。

（2）浆液性膝关节炎 病驴站立时，患肢提举并屈曲，或以蹄尖着地，中度跛行。发病关节粗大，轮廓不清，特别是在三条膝直韧带之间的滑膜盲囊最为明显。触诊时，有热、痛和波动。转为慢性时，跛行时有时无。当关节囊内聚积大量渗出物时，往往流入趾长伸肌腱下的黏液囊内（因此囊与关节腔相通），而发生黏液囊水肿。有时，由于黏液囊的炎症也常波及股胫关节腔，诊断时需注意。

（3）浆液性球关节炎 在球节的后上方内侧及外侧，即在第三掌骨（跖骨）下端与系韧带之间的沟内出现圆形肿胀。当屈曲球节时，因渗出物流入关节囊前部，肿胀缩小，患肢负重时肿胀紧张。急性经过时，肿胀有热、痛，呈明显肢跛。

【治疗方法】 急性炎症初期，应用冷却疗法，以后装着压迫绷带或石膏绷带，可以制止渗出。急性炎症缓和后，可用温热疗法或装着湿性绷带，如饱和盐水湿绷带、鱼石脂酒精绷带等，每天更换1次。对慢性炎症，可反复涂擦碘樟脑醚合剂，涂药后随即温敷，也可外敷中药。

当渗出物不易吸收时，可用注射器抽出关节内液体，然后迅速注入已加温的 1% 普鲁卡因液 10 ~ 20 毫升，青霉素 20 万 ~ 40 万单位。最后，装着压迫绷带，并在绷带下涂敷醋调雄黄散（雄黄、龙骨、白及、白蔹、大黄各 31 克），定期向绷带内加醋使雄黄保持作用。隔日更换 1 次雄黄散和绷带，可连用数次。

急、慢性炎症，均可试用氢化可的松，在患部皮下数点注射或注入关节腔内，也可于抢风穴、百会穴注射。另外，静脉注射 10% 氯化钙液 100 毫升，连用数天。

13. 蹄叶炎

蹄叶炎又称蹄壁真皮炎，是蹄壁真皮，特别是蹄前半部真皮的弥漫性非化脓性炎症。常见两蹄同时发病，也有两后蹄或四蹄同时发病的，单蹄发病的病例少见。本病以突然发病、疼痛剧烈、症状明显为特征。若不及时合理治疗，往往转为慢性，甚至引起蹄骨下沉和蹄匣变形等后遗症。

【临床症状】

（1）急性期炎症　局限于蹄尖壁真皮时，突然发病，症状重剧而比较典型；炎症局限于蹄侧壁和蹄踵壁真皮时，发病不太急，症状较轻。

两前蹄发病的，站立时两前肢伸向前方，蹄尖翘起，以蹄踵着地负重，同时头颈高抬，体重重心后移，拱腰，后躯下蹲，两后肢前伸于腹下负重。如果站立时间稍长，病驴常想卧地。强迫其运动时，两前肢步幅急速而短小，呈时走时停的紧张步态。病情增重时，不敢行走，常卧地不起。两后蹄发病的，站立时头颈低下，躯体重心前移，两前肢尽量后踏以分担后肢负重，同时拱腰，后躯下蹲，两后肢伸向前方，蹄尖翘起，以蹄踵着地负重。强迫其运动时，两后肢步幅急速短小，呈紧张步态。四蹄同时发病的，肢势不一定，有的四肢频频交换负重，有的四肢同时向前挺出，尽量以蹄踵部负重，整个体躯前移，短时间恢复正常站立肢势后，因蹄尖部受压，疼痛加剧而迅速恢复体躯向后倾斜状态，终因不能持久站立而倒卧。病情严重者，长期卧地不起。趾动脉搏动亢进，蹄温增高，蹄尖壁疼痛剧烈。由于疼痛而引起肌肉震颤，出汗，体温升高（39 ~ 40℃），心跳加快，呼吸促迫，结膜潮红。继发性蹄叶炎，还具有原发病的全身症状。

第八章　驴的疾病诊断与防治

（2）慢性期 急性蹄叶炎的典型经过一般为6~8天，若不能痊愈则转为慢性。这时，一般全身症状及原发病症状基本消失，病驴站立时间较长，并能以蹄底着地负重，但有时患肢稍伸前方。运动时，常出现轻度跛行，压诊患蹄，疼痛不明显。经久不愈的病例，有的可出现蹄踵狭窄、蹄冠狭窄，有的则形成芜蹄，即蹄踵壁明显增高，蹄尖壁倾斜。中央部凹陷，蹄尖部向前凸出，甚至翘起，蹄尖壁上、中部蹄轮密集，蹄踵部蹄轮分散，蹄冠前面凹陷，蹄底向下凸出，蹄匣角质粗糙、脆弱。

【治疗方法】

（1）急性蹄叶炎疗法

① 放血疗法：对体格健壮的病驴，发病后立即放胸膛血或肾膛血；也可用小宽针扎蹄头血，放血100~300毫升。

② 冷却或温热疗法：发病最初2~3天，对病蹄施行冷蹄浴，即使病驴站立于冷水中，或用棉花绷带缠裹病蹄，用冷水持续灌注，每天2次，每次2小时以上。3~4天后，仍不痊愈者，就必须改用温热疗法，如用40~50℃温水加入醋酸铅进行温蹄浴；或用热酒糟、醋炒麸皮等（40~50℃）带温包裹病蹄，每天1~2次，每次2~3小时，连用5~7天。

③ 普鲁卡因封闭疗法：掌（跖）神经封闭，用加入青霉素20万~40万单位的1%普鲁卡因液，分别注入掌（跖）内、外侧神经周围各10~15毫升，隔天1次，连用3~4次。

④ 脱敏疗法：病初可试用抗组胺药物，如盐酸苯海拉明0.5~1克内服，每天1~2次；10%氯化钙液100~150毫升、维生素10~20毫升，分别静脉注射；0.1%肾上腺素3毫升，皮下注射，每天1次。

⑤ 清理胃肠：对因消化障碍而发病者，可内服硫酸镁或硫酸钠200~300克，温水5000毫升混合液，每天1次，连服3~5次。

（2）慢性蹄叶炎疗法 根据病情适当选用上述疗法外，对病蹄主要采取持续的温蹄浴，并及时修整蹄形，防止形成芜蹄，对个别引起蹄踵狭窄或蹄冠狭窄的病例，除温蹄浴外，可锉薄狭窄部蹄壁角质，以缓解压迫，并配合合理的装蹄疗法。

（3）芜蹄矫正法 对已形成芜蹄的病例，可锉去蹄尖下方翘起部，适当切削蹄踵负面，少削或不削蹄底和尖负面。在蹄尖负面与蹄铁之间留出约 2 毫米的空隙，以缓解疼痛。

14. 风湿病

风湿病是一种常反复发作的疼痛性疾病。在动物劳役后，体热出汗，遭受风、寒、湿的侵袭后往往突然发病。常侵害对称的肌肉、关节和蹄等。我国寒湿地区的春、秋、冬季，较为多见。

【临床症状】 肌肉风湿病、急性病多突然发生，肌肉疼痛，并且疼痛具有游走性，经过数天或 1～2 周，症状即可消失，但不久又可再发，且有转移性。触诊患部，肌肉疼痛、紧张而坚实。体温升高，结膜及口腔黏膜潮红，脉搏加快，呼吸增速，有的可听到心内杂音。

背腰肌肉风湿时，背腰强拘，凹腰反应微弱或消失，后肢常以蹄尖拖地前进，转弯时背腰不灵活，卧地后起立困难。

当肌肉风湿转为慢性时，病程可达数周或数月。患病肌肉弹性降低，常见于肩关节、肘关节、腕关节、髋关节、膝关节和跗关节。在病的经过中，关节内迅速形成浆液性或浆液纤维素性渗出物，关节囊肿胀，关节活动范围变小，有明显热、痛反应。运动患肢强拘，呈不同程度的跛行。全身症状较明显，体温升高，脉搏增数，有明显心内杂音。病驴长期卧地，容易发生褥疮。转为慢性的病例，全身症状不明显，但关节变大且轮廓不清，活动范围变小，严重者能使关节发生纤维素粘连。

有风湿病可疑时，可用水杨酸钠皮内注射，借以帮助确定诊断。方法是：用 0.1% 水杨酸钠液 10 毫升，分数点在颈部或耳后做皮下注射，注射前、后 30 分钟和 60 分钟，分别测定一次血液白细胞总数，观察前后的变化。若注射后有一次比注射前减少 1/5 时，即可判为阳性。

【治疗方法】

(1) 水杨酸疗法 水杨酸钠 16 克、乌洛托品 12 克、安钠咖 2 克、蒸馏水 100 毫升，灭菌后一次静脉注射，每天 1 次，6～7 次为 1 疗程；或水杨酸钠与碳酸氢钠分别静脉注射或口服。

(2) 温热疗法 酒糟热敷，即将酒糟炒热或用醋炒麸皮，装入布袋内，热敷患部，每天 1～2 次。并将病驴牵至温暖厩舍内，使其

发汗。如果配合针灸，则效果更好。

15. 蹄叉腐烂

蹄叉腐烂是蹄叉角质被分解、腐烂，同时，引起蹄叉真皮层的炎症，当厩舍卫生不洁，蹄叉角质长期受粪尿侵蚀，蹄叉过削，蹄踵过高、狭窄，延长蹄及运动不足等妨碍蹄的开闭机能，使蹄叉角质抵抗力降低时，都容易发生本病。一般后肢发病较多见。

【临床症状】 蹄叉角质腐烂，通常从蹄叉中沟或侧沟开始，角质分解后形成裂隙或烂成大小不等的空洞，由腐烂部流出恶臭的灰黑色液体。当病变已达真皮层时，则出现跛行。特别是在软地运动时，跛行严重。病程较久者，蹄叉后部角质崩溃，蹄叉真皮的开头完全消失，甚至引起蹄叉体及蹄叉尖角质全部崩溃。当炎症侵害到蹄球及蹄踵真皮后，在蹄踵部常出现波纹样的特异蹄轮。

当蹄叉真皮暴露时，容易出血、感染。长期暴露可诱发蹄叉"癌"，即蹄叉真皮乳头明显增殖，新生的角质呈分叶状，形似菊花瓣。

【治疗方法】 蹄叉角质腐烂时，应削去腐烂的角质，用3%来苏儿溶液或过氧化氢溶液彻底清洗后，填塞高锰酸钾粉或硫酸铜粉和浸渍松馏油的纱布条，装以带底的蹄铁（薄铁片、橡胶片等均可）。

对严重的病例，除将腐烂角质彻底削除外，应对蹄叉真皮用锐匙刮削。若已坏死，应彻底清除坏死组织，削去大量的皮下组织。消毒后，撒布碘仿磺胺粉，必要时也可撒布高锰酸钾粉，用浸渍松馏油的纱布条、棉花、麻丝等压迫患部，装带底蹄铁。

对轻症蹄叉"癌"，清洗患部，除去赘生物后，用水杨酸硼酸合剂治疗，即取水杨酸2份、硼酸1份，混合均匀，撒布于患部2~3厘米厚，再敷盖纱布，装带底蹄铁。隔2~3天换药1次，病情好转时，可延长换药时间。对重症病例，应进行手术疗法。

16. 驴妊娠毒血症

本病是驴妊娠末期的一种代谢疾病。主要特征是产前顽固性不吃不喝，主要见于怀骡母驴。1~3胎的母驴多发，死亡率高达79%左右。病因至今尚不十分清楚。临床上常与胎儿过大、运动不足、饲养管理不当有关。

【临床症状】　产前食欲减退或突然持续性不吃不喝。轻度者，精神沉郁，口色较红而干，口稍臭，舌长苔，结膜潮红，排少量黑干便，有的干稀交替，体温正常。重度者，精神高度沉郁，下唇松弛下垂，有的有异嗜癖。结膜暗红或污黄。口恶臭，肠音弱。尿少，黏稠如油。脉搏每分钟80次以上，心音亢进，节律不齐，颈静脉波动明显。剖检主要见有肝脏、肾脏脂肪浸润，广泛性血管内血栓形成。

【治疗方法】　以肌醇作为驱脂主药，应用促进脂肪代谢、降血脂、保肝、解毒的疗法，效果较好。

① 12.5%肌醇液20～30毫升、10%葡萄糖液1000毫升，每天2次，静脉注射。

② 0.15克复方胆碱片20～30片、酵母粉10～15克、0.1克磷酸脂酶片15～20片、稀盐酸15毫升。每天1～2次，灌服。

③ 其他药物，如氢化可的松、复合维生素B、维生素C，中药可服补中益气汤等。

17. 卵巢机能不全

本病是卵巢机能暂时受到扰乱，处于静止状态，不出现周期性活动。常见于子宫疾病、全身性严重疾病，以及饲养管理和利用不当（长期饥饿、过劳、哺乳过度等）。气候突然改变或对当地气候不适应，也可发生本病。

【临床症状】　母驴发情周期延长或不发情。直肠检查，可见卵巢的形状和质地没有明显的变化，摸不到卵泡和黄体，有时只有一个很小的黄体残迹。

【治疗方法】　首先，根据实际情况，消除病因。药物治疗，可选用促卵泡素200～300单位，隔天进行1次肌内注射，每次注射后做1次直肠检查，若无效，可连续用药2～3次。或孕马血清，肌内注射1000～2000单位。雌激素制剂，应用后可出现发情症状，但前几次发情时不排卵，反复几次用药后可诱导排卵。常用制剂有苯甲酸雌二醇、己烯雌酚等。

18. 子宫内膜炎

子宫黏膜的炎症，可见于各种家畜，是母驴不育的主要原因之一。分娩时或产后，发生微生物感染；尤其是难产、胎衣不下等情

况更易发生。也可继发于沙门氏菌、嫌疫、支原体等疾病。

【临床症状】 产后的病驴时常拱背、努责，从阴门内排出少量黏性或脓性分泌物，严重者，分泌物呈污红色、恶臭、卧下时排出量增多。体温升高，精神沉郁。若治疗不当，可转变为子宫内膜炎，出现不发情或虽发情但屡配不孕。直肠检查可见子宫角稍变粗，子宫壁增厚，弹性弱。阴道检查时，有少量絮状或混浊黏液。有的发生子宫积水。

【治疗方法】

（1）抗生素疗法 全身应用土霉素或氨苄西林等抗生素，连续应用直至痊愈。

（2）子宫冲洗 用一胶管插至子宫腔的前下部，管外端接漏斗，倒入 0.02% 新洁尔灭溶液 500 毫升，待漏斗内液体快流完时，迅速把漏斗放低，虹吸作用使子宫腔内的液体排出，反复 2~3 次。洗净后放尽冲洗液，子宫腔内放置少许抗生素。整个操作过程要保持不被污染，器具要消毒，隔天进行 1 次，连用 2~3 次。

（3）中药治疗 可用益母草、黄芪、党参、白术、当归、生姜、陈皮和黄酒等，共研细末，开水冲调，加黄酒灌服。

224

参 考 文 献

[1] 张居农. 实用养驴大全 [M]. 北京：中国农业出版社，2008.
[2] 陈顺增，张玉海. 目标养驴关键技术有问必答 [M]. 北京：中国农业出版社，2017.
[3] 王永军. 肉驴高效饲养指南 [M]. 郑州：中原农民出版社，2002.
[4] 魏刚才，等. 养殖场消毒技术 [M]. 北京：化学工业出版社，2007.
[5] 王占彬，董发明. 肉用驴 [M]. 北京：科学技术文献出版社，2004.
[6] 陈宗刚，李志和. 肉用驴饲养与繁育技术 [M]. 北京：科学技术文献出版社，2008.

书　目